U0340081

# 绿色生态养殖与疫病防控

李保泽　奉　佳　吕转平◎著

西北农林科技大学出版社
·杨凌·

图书在版编目（CIP）数据

绿色生态养殖与疫病防控 / 李保泽 , 奉佳 , 吕转平著 . -- 杨凌 : 西北农林科技大学出版社 , 2022.6
ISBN 978-7-5683-1105-2

Ⅰ . ①绿… Ⅱ . ①李… ②奉… ③吕… Ⅲ . ①畜禽－生态养殖②畜禽－动物疾病－防治 Ⅳ . ① S815

中国版本图书馆 CIP 数据核字 (2022) 第 097218 号

**绿色生态养殖与疫病防控**

李保泽　奉　佳　吕转平　著

| | | | |
|---|---|---|---|
| **出版发行** | 西北农林科技大学出版社 | | |
| **地　　址** | 陕西杨凌杨武路 3 号 | **邮　编：** | 712100 |
| **电　　话** | 总编室：029-87093195 | **发行部：** | 029-87093302 |
| **电子邮箱** | press0809@163.com | | |
| **印　　刷** | 天津雅泽印刷有限公司 | | |
| **版　　次** | 2023 年 2 月第 1 版 | | |
| **印　　次** | 2023 年 2 月第 1 次 | | |
| **开　　本** | 787 mm×1092 mm　1/16 | | |
| **印　　张** | 12.5 | | |
| **字　　数** | 216 千字 | | |

ISBN 978-7-5683-1105-2

定价：66.00 元

# 前　言

随着我国经济日新月异的发展，人们的生活水平都有了明显的提升，尤其是在饮食方面，丰富的食品种类呈跨越式增长。但是，越来越多的食品安全问题也在困扰着人们。在这种状况下，食品质量成为人们选择食品的重要因素。特别是高质量的蛋白质食品的提供，大多依赖于畜禽和水产类的绿色生态养殖，而绿色生态养殖完全依托于自然，按照生物自身的特点，整合各种相关资源，在不同物种间以营养需求为纽带相互联系起来，实现物质和能量的循环，可充分利用各种资源，减少浪费，降低生产成本。而且产品能做到绿色无污染，营养更加丰富，品质更加优秀。本书根据作者的专业与研究方向，以及生产实践的经验与成果，主要就淡水养殖、牛羊和蜜蜂的绿色生态养殖展开论述。

真正实现绿色生态淡水养殖，要选择适宜的养殖环境、养殖种类，投喂绿色饲料，保证水产品的品质，保护食用者的身体健康。在保证食品安全营养的同时，也要保证不对饲养环境造成危害，在为养殖者提高经济收益的同时，真正贯彻绿色生态的养殖理念。

畜禽疫病防控是一项系统工程，单靠某项措施难以毕其功于一役。所谓防控，顾名思义应包括两方面：一是无疫先防、防患于未然，二是有疫即控、防止传染。疫病防控既要通览大环境又要紧盯小环境；不仅管控外环境，还要掌控内环境；运用科学方法，采取综合措施，方能打好畜禽疫病防控的立体战。

随着畜牧业规模化、集约化发展，疫病问题已成为其持续增收的制约瓶颈。通过对当前疫病的复杂性和严峻性的分析，无序、盲目、不规范的养殖被认为是造成疫病泛滥成灾的罪魁祸首，因而要从根本上解决畜禽疫病问题，就必须改变现有的养殖模式，实施健康养殖。

近年来我国的畜牧业得到了稳定发展，新时期下，为了促进畜牧业养殖规模的不断扩大，还需要重点分析畜禽疫病的病因，以提升行业经济效益为主要目的。积极采取有效措施来进行畜禽疫病防控，明确畜禽疫病类型，从而实现对畜禽疫病的有效防控。

本书在撰写过程中参考了一些专家和学者的研究成果，在此表示诚挚的谢意。由于我们水平有限，加之时间仓促，书中难免存在一些疏漏和错误，敬请广大专家和学者批评指正。

作　者

2021 年 8 月

# 目　录

# 第一部分　生态养殖

# 第一章　生态养殖模式

## 第一节　生态养殖模式的概念及理论基础

### 一、生态养殖模式的相关概念界定

#### （一）生态养殖

生态养殖（Ecological breeding，ECO），指按照不同养殖生物间的共生互补原理，在同一区域内利用不同养殖生物间的食性互补、生态位互补、物质循环、能量流动等原理，辅以相应的养殖技术和管理方法，实现不同生物互利共生、生态平衡，提高养殖效益的一种养殖方式。

生态养殖基础：按照不同养殖生物间的共生互补原理。

生态养殖条件：利用自然界物质循环系统。

生态养殖结果：通过相应的技术和管理方法，促使不同生物在一定的养殖区域内共同生长，保持生态平衡，提高养殖效益。

由此可看出分生态养殖与传统养殖的不同点。因此，生态养殖方式不但可以保护生态环境和生物物种的多样性，出产高质量、安全、无公害绿色食品和有机食品，并且具有非常好的社会效益、环境效益和经济效益。

#### （二）生态养殖模式的概念界定

生态养殖模式，是指以生态学的原理为依据，建立和管理一个能实现生态上自我维持低输入，经济上实现丰厚收益的养殖生态系统，并且要确保在很长一段时间内不对周围的生态环境造成明显破坏的养殖方式。

生态养殖模式有以下优点：第一，易于建立有效的物质循环利用模式，减少有限资源在养殖过程中的浪费；第二，减少了养殖过程中许多无效、错误环节，给果蔬和肉类在经济效益和食品安全上提供了更多的提升空间；第三，市场适应性更强，增强农户在经济发展趋势下的生存能力。

（三）生态养殖经济效益

生态养殖经济效益是指在生态养殖所带来的经济效果的基础上获得的经济利益。生态养殖经济效益又分为生态养殖宏观经济效益和生态养殖微观经济效益。

生态养殖宏观经济效益，是指以所有养殖户经济活动整体为对象的投入与产出的比较，亦称为养殖户经济效益，它反映一定时期所生产的最终产品和服务的生产要素综合消耗水平。生态养殖微观经济效益，是指地区养殖经济效益、企业养殖经济效益或者更小经济单位的经济效益。生态养殖微观经济效益是整个养殖户经济效益的基础和组成部分，但整个养殖户的经济效益不是微观经济效益的简单总和。

这里研究的主要是生态养殖的微观经济效益。提高微观经济效益的途径有以下几种：一是正确选择企业发展目标，提高产品质量；二是节约劳动消耗，降低生产成本；三是提高劳动生产率，开拓新产品；四是运用先进技术，加快资金周转，改善经济管理。

## 二、生态养殖模式的理论基础

（一）循环经济与生态养殖

循环经济是一个全面模仿自然和生态系统的物质循环机制与能量梯级利用规律，重构经济系统，使经济活动的环境影响和寿命周期成本最小化、价值最大化，从而以最低的资源和环境代价实现经济与环境和谐发展的技术经济模式。循环经济的特点，是可持续、高效利用现有的有限资源，使目前有限的资源可以无限期地循环利用下去。环境与经济共同发展，相互帮助，相互制约，是循环经济所倡导的，这是一个可循环的过程。循环经济是通过资源前期开发和产品后期处理有效结合，形成一个资源持续发展的封闭式产业财富链，让人与环境和谐发展。

循环经济的主要特征有以下几点：

1. 物质多重循环、废弃物的再生利用性

循环经济根据生态系统的运行规律和模式，将经济活动组织成一个“资源—产品—再生资源”的物质无限循环流动的过程，最大限度地实现废弃物的零排放，使得整个经济系统以及生产和消费的过程基本上不排放或者只排放很少的废弃物。其特征是在既定的资源存量下，从生产源头就开始注意对自然资源的节约利用，把资源的消耗严格限定在最小的范围内，实现资源的高效利用和社会利益的最大化，从而在根本上解决长久以来环境与发展之间

的矛盾与冲突。

2. 循环技术的复杂性

科技进步是实现循环经济的首要条件。依靠科技进步，积极采取无害或低害新工艺、新技术，大力降低原材料和能源的损耗，实现投入少、产出高、污染低的生产模式，尽最大可能把对环境有污染性质的排放消除在生产过程中。循环技术体系的构建既包含生产末端的废弃物再生利用技术、安全化和无害化处理技术，还包含生产源头的资源替代技术、资源恢复技术和资源消耗与减量化技术；既包含循环经济共性技术中的纳米技术、生物技术、新材料技术、新能源技术和信息技术等，又包含关键技术和专项技术等。

循环经济也包含了生态养殖，相比较传统养殖模式，生态养殖模式依照3R原则——减量化、再利用、再循环，是一种集节能、环保于一体的废弃物处理再利用的养殖模式，以节约资本、增加收入为出发点，以防止植被破坏、保护生态建设、改善农村养殖环境和生活环境卫生为目的。

### （二）系统理论与生态养殖

系统理论是研究系统的一般模式结构和规律的学问，它研究各种系统的共同特性，用数学方法定量地形容其功能，寻求并确立合用于一切系统的原理、原则和数学模型，是一门具有逻辑和数学性质的新兴的科学。

系统的整体观念是系统理论的核心思想。系统中各个要素并不是孤立存在的，而是每个要素都在系统中处在一定的位置上，有着特定的功能。各个要素之间互相联系，组成了一个不可分割的整体。要素是整体中的要素，若将要素从系统整体中剥离，它将会失去作为要素所特有的功能。

把研究和处理的对象看作是一个系统，分析其结构和功能，研究系统、要素、环境三者之间的互相关系和变动的规律性，并且以优化系统观点来看待问题。世界上任何事物都可以看作是一个系统，这就是系统理论的基本思想。系统是普遍存在的，小至微观的原子，大至浩瀚的宇宙，这些都是系统，整个世界以及宇宙都是系统的集合。

生态养殖就是利用系统理论的基本思想，是一种有机整体的系统养殖，养殖中各个要素都不是孤立存在的，各环节也是紧紧相扣，看似独立又存在联系。

## 第二节 生态养殖的基本模式及特点

### 一、放养模式

放养模式，是指禽畜养殖到快成年的时候，将其放养到树林或果园里，让禽畜自由取食野草、野菜与昆虫等来代替饲料，以此来减少饲料的使用量。且畜禽能自由走动，其对疾病的抵抗力强于一般圈养养殖的禽畜；也更能产出质优量多的瓜果蔬菜与禽畜肉制品。

放养模式的特点是通过放养禽畜到山林或果园食取野生食物，来减少饲料以及花果蔬菜化肥量的使用，并降低禽畜疾病的感染率，从而减少饲料成本的投入、禽畜医药费的支出与肥料费用。这样一来，一方面减少了养殖户的资金投入，另一方面保持了瓜果蔬菜和禽畜肉质绿色天然的营养成分。随着消费者对食品安全关注度的日益提高，通过放养模式生产出来的绿色瓜果蔬菜和高品质肉类更容易得到消费者的青睐，而且通过这种模式生产出来的产品的价格要比传统模式下生产出来的产品高很多，养殖户的经济收入也能够大幅度地提升。

### 二、立体养殖模式

我国比较成功的立体式养殖是“鸡—猪—蛆—鸡—猪”模式。此模式是用鸡粪来喂养猪，猪粪饲养蝇蛆，蝇蛆喂鸡或猪；然后还可以将蝇蛆晒干制作成高蛋白饲料，蝇蛆制成的高蛋白饲料中含有大量的抗菌肽，能够预防鸡和猪感染疾病，从而促进鸡和猪的生长发育，提高鸡和猪对病原微生物的抵抗力。此模式不但可以使鸡粪变废为宝，并且还能减少抗生素在饲料中的使用。

这种模式的特点是减少饲料投入成本，提高了禽畜抵抗力，使其不易感染疾病，降低医药费并且使禽畜肉质保持最原始的鲜嫩口感和营养成分。通过减少成本费用的投入，最大程度提高养殖户的收益。

### 三、以沼气为纽带的种养模式

此模式是指在建立的沼气池中，禽畜粪便中的有机物通过微生物发酵技术，转化成可以利用的再生资源。这种模式是利用发酵技术产出的沼气，来代替煤炭与电在日常生活中的使用。剩下的沼液渣还能够用来喂养鱼、蚯蚓，喂养出来的蚯蚓能够作为喂养禽畜的优质高蛋白动物饲料，沼液、沼渣还能够作为有机肥料施于农作物。

以沼气为纽带的种养模式主要是变废为宝，利用沼气技术发酵禽畜粪便得到的沼气可用作发电供日常使用，节约了电费开销；发酵得到的沼液渣作为有机肥施于农作物，另外可喂养鱼、蚯蚓，喂出的蚯蚓可加工成动物饲料；减少了肥料和饲料的成本投入，提高了禽畜和瓜果蔬菜的质量，绿色、天然、高营养，因此售价相对而言就会上涨，养殖户也可提高经济收入。

## 四、食性互补养殖模式

这种模式是指将不同食性的水产生物混养在一起，使鱼塘的饵料资源和空间资源得到充分的利用，并且水产生物的粪便可作为草料的有机肥，而水草又可作为水产生物的绿色饵料，从而得到可观的经济效益和良好的生态效率。早在唐朝时期，古人就有根据各种鱼类的食性不同将其按照一定的比例混合饲养的记载。最近这几年又出现有将食性不同的鱼类和贝类按一定的比例混合饲养的养殖案例。

这种养殖模式一方面可以使饵料、水产生物粪便和水草得到充分利用，减少饵料浪费，另一方面就是减少饵料资金的使用。这种混合饲养不仅能够改善池塘水质来提高物种产量，并且能够预防疾病，可以使水产生物少生病少用药，还可保持水产生物肉质鲜嫩可口、营养价值高，从而更具市场性，增加经济收入。

## 五、综合养殖模式

在我国综合养殖模式中比较常见的是桑—蚕—鱼塘的养殖模式，是我国水产养殖业于 19 世纪 50 年代，按照我国那个阶段水产养殖的特点而发展起来的一种养殖模式。此模式充分利用了能量的流动、物质的循环和物种间互利共生等原理，实现了蚕—桑—鱼塘的综合养殖。在这种养殖模式中，蚕的粪便、残渣等排泄物可以为鱼提供饵料，鱼塘最底部的塘泥为桑树供应有机肥料，桑树上生长的桑叶作为食料供给家蚕，以此来实现资源的循环利用。鱼塘的鱼为消费者提供了优质的水产品，家蚕吐的蚕丝能够加工制作成上等的丝绸，桑树结的桑葚也可作为纯天然绿色水果供给消费者。最近这几年来，我国南部地区按照稻田地形多变形成的稻田养虾、养蟹及养鱼等技术，这不仅为虾、鱼、蟹提供了宽阔舒适的活动空间，且稻田的一些害虫可作为虾、鱼、蟹的绿色养料，还能够减少稻田农药的使用。

综合养殖模式的特点是实现循环利用，减少饲料的使用、减少化肥的投入、提高鱼肉的品质、保持蚕丝的天然性，从而减少饲料化肥的购买资金、提高鱼类和蚕丝的市场价格，从而提高经济效益。

# 第二章　河蟹生态养殖

## 第一节　河蟹生态养殖的原理及意义

### 一、河蟹生态养殖概述

实践证明，发展水产业不仅有利于改善人民食物结构、提高全民族健康水平，而且有利于调整农村产业结构，合理开发利用水域资源；有利于增加国家财政收入，有利于促进与水产业相关的产业发展。但是，水产养殖自身的生态结构和养殖方式的缺陷使得大部分养殖产生环境问题，这一现象已经越来越受到人们的关注。国内外许多学者针对淡水养殖对水环境可能产生的影响进行了研究，归纳起来有这样几个方面：氮、磷等营养物的释放，造成局部水富营养化；各类化学药品和抗生素的使用污染了水域环境；一些生物栖息地遭到破坏，干扰了野生种群的繁衍和生存，使生物多样性减少。

河蟹在我国渤海、黄海及东海沿岸诸地均有分布，但是以长江口的崇明岛至湖北省东部的长江流域及江苏、安徽、浙江和辽宁等地区为主产区。河蟹营养丰富，风味独特，备受国内外市场青睐，是我国水产养殖的重要对象。我国推广河蟹人工养殖后，河蟹产量猛增，已经成为全球主要经济蟹类之一。

而随着河蟹养殖面积、生产规模和国内外知名度不断扩大，养殖产量的急剧增加和集约化程度的不断提高，许多潜在的技术与管理问题也逐步暴露出来。一是盲目追求养殖效益，过多外部投入造成养殖水体内污染物恶性循环；二是养殖环境恶化，病害日趋严重，药物滥用，严重影响河蟹的品质；三是水质污染严重，限制养殖业的整体发展。池塘养殖由于养殖密度高、投饵量大，河蟹进食后留下的残饵以及排泄物量也大，向周围环境排出的污染物总量也很大，长期养殖生产对附近水体质量影响很大。个别地方只考虑短期的利益而盲目发展，严重超过养殖容量，造成大面积水域污染，已严重影响到当地居民生活与生产用水。

面对如今水体不断出现的养殖水体富营养化问题，国内的河蟹相关科研人员开展了各种生物净化的研究。其中大多是通过将养殖尾水排放至种植了大量水草的“人工湿地”，利用水生植物吸收营养元素，达到净化水质的效果。而除了种植水生植物外，种植水生经济蔬菜等同样能吸收营养元素，同时还能产生更高的经济价值。通过多种养殖方式和种植模式整合水体资源，使河蟹养殖真正成为和谐可持续发展生态渔业。

## 二、河蟹生态养殖的基本原理

### （一）河蟹生态养殖基本原理

养蟹水域的生态系统由消费者（蟹、鱼、虾等）、分解者（微生物）、生产者（水生植物）三个部分组成。河蟹生态养殖的基本原理就是保持养殖水体中消费者、分解者和生产者三者之间的能量流转和物质循环渠道的畅通。

河蟹的生态养殖，就是模仿天然水域中河蟹与环境的依存状态，应用生态学管理原则协调水体生态系统中的各种水化学因子与生物因子的关系，即调控河蟹与生物、非生物环境之间的关系，从而生产出优质河蟹的养殖方式。

传统的养蟹技术：养蟹水域的生态系统中消费者过多，而分解者、生产者过少，进而产生物质循环的瓶颈，致使大量有机物退出物质循环，沉积在水底，形成淤泥。这些淤泥有机物多、氧债高，亚硝态氮和氨氮大量积累，有害细菌大量滋生，导致河蟹无法正常生长。

河蟹生态养殖就是改善养蟹水域的生态环境，大量种植水生植物如水草等，让其吸收有害物质，增加水体溶氧。有益微生物大量生长繁殖，改善水质，将污染源分解、降解成营养素，被水生植物利用，生产溶氧，形成良性循环的水生态系统，促进河蟹健康生长，提高河蟹品质。

### （二）河蟹养殖对水体系统影响

1. 河蟹养殖对水体负面影响

国内外许多学者从生态学观点出发，把淡水养殖系统作为生态系统来研究，利用水产养殖生态系统内生物与环境因素之间，以及生物与生物之间的物质循环和能量转换关系，加以有目的的人工调控，建立新的生态平衡，使自然资源得到有效利用，以充分发挥其淡水养殖生态效益、经济效益和社会效益，使淡水养殖系统成为具有良好的生态、经济、社会效益的综合体。国内外学者针对养殖户片面追求高产，采用高密度养殖，投放过量饵料的养殖模式对水环境产生的影响进行了研究，主要结果有：

（1）围网、网箱养殖对水质的主要影响是增加了水体悬浮物和营养盐，减少围网网箱区和周围溶解氧。由于投饵、网内鱼蟹类的呼吸作用和排泄废物中有机物的分解，网区的总悬浮物、总氮、总磷等一般均高于非养殖区，一定程度地增加了水体营养物的总浓度，导致水体的富营养化。

（2）围网、网箱区中由于未被消耗的部分饵料和鱼蟹排泄物沉积到水体底层，底泥中有机物增加导致底质理化指标发生改变。主要表现在沉积残饵使底泥沉积物的有机质增加，同时底泥中硫化物、总氮、总磷、化学需氧量、无机氮和无机磷比非养殖区明显偏高。

（3）由于围网、网箱区投喂饵料后水体中营养物质逐渐增多，浮游植物开始大量繁殖，随着养殖时间的延伸和规模的不断扩大，水体中营养物质富集，水质恶化，光照下降，浮游植物数量减少。此外，围网网箱对浮游动物、底栖动物及鱼类数量也都有很大的影响。

2. 河蟹养殖对水体正面影响

在河蟹养殖实践中，也有养殖水体水质明显好于周边水源的情况出现，从理论和实际看综合应用各种物理与生物修复技术，是可以实现养殖、环境效益和谐统一的。有报道指出，只要河蟹的放养密度适宜，投饵科学，其对环境基本无影响，甚至还可净化一部分水质。多年的养殖实践经验表明，通过合理的养殖和生态调控，实现河蟹养殖用水低排放是可行的。因此，并非河蟹养殖有氮磷排放就认为河蟹养殖需要禁止，而是只有提倡河蟹开展生态养殖，通过立体种养，通过多种途径整合资源，构建和谐生态位，对养殖用水进行合理利用，才是河蟹养殖最终的出路。

## 三、河蟹生态养殖意义和重要性

现行的河蟹水产养殖技术多建立在以往常规鱼类养殖模式下，单纯从追求养殖产量和经济效益出发，忽视生态养殖，但实际结果非但达不到所追求的高产高效，反而造成了养殖环境的严重恶化，进一步造成河蟹病害频发，产量下降，继而影响了河蟹养殖的经济效益，同时还对养殖区的水环境产生了不良影响，造成水质污染，可以说，河蟹常规养殖模式遇到了前所未有的发展瓶颈。

池塘养殖生态系统本身就是一种结构简单、生态缓冲能力脆弱的人工生态系统，只有优化养殖水域生态结构，将具有互补、互利作用的养殖要素合理组合配置，减小或消除水产养殖对水环境造成的负面影响，提高整个水体的养殖容量，达到结构稳定、功能高效的效果。同时好的养殖环境才能减少河蟹病害的发生；减少抗生素及其他化学药物的应用，才能生产出绿色、安全的河蟹产品，保证广大人民的身体健康。因此要主动调整发展思路，以低消耗、低投入、低污染为发展目标，才能突破现有瓶颈。

现代社会越来越关注生态环境与河蟹健康养殖的和谐关系，提倡从能量和物质流动的平衡角度出发，充分利用蟹、螺、草之间的互利互补关系，使养殖系统内部废弃物循环再利用，最大限度地减少养殖过程中废弃物的产生，使之达到既满足了人类社会合理要求又能增强水体本身的自净能力的要求，维持了周围水环境生态系统的平衡与更新，在取得理想的养殖效果和经济效益的同时，达到最佳的环境生态效益，实现淡水养殖的可持续发展。生态养殖包括养殖设施、苗种培育、放养密度、水质处理、饵料质量、药物使用、养殖管理等诸多方面。采用合理的、科学的、先进的养殖手段，获得质量好、产量高、无污染的产品，并且不对其环境造成污染，创造经济、社会、生态的综合效益，并能保持自身稳定、可持续的发展。可持续的健康养殖要求健康苗种培育、放养密度合理，投入和产量水平适中，通过养殖系统内部的废弃物的循环再利用，达到对各种资源的最佳利用，最大限度地减少养殖过程中废弃物的产生，在取得理想的养殖效果和经济效益的同时，达到最佳的环境生态效益。

## 第二节　河蟹生态养殖系统管理

### 一、河蟹池塘生态系统

河蟹养殖环境多种多样，包括池塘、湖泊、围网、稻田等等，以下仅以河蟹池塘生态系统为例来进行介绍。

河蟹池塘在自然状态下，是一个封闭的生态系统，其中包括溶氧、生物、鱼蟹三个子系统，这三个动态子系统又构成一个动态平衡的大系统。池塘中的浮游植物和高等植物，吸收营养盐和二氧化碳，利用太阳能制造有机物。浮游植物被浮游动物和鱼类所摄食；浮游动物被鱼所摄食、底栖生物被河蟹等所摄食；水生植物被草鱼等鱼类所摄食。死亡的动物、植物尸体，鱼类的代谢产物及残渣，被微生物分解成无机盐，作为植物的养分，如此循环不已，共同构成一个动态平衡的池塘生态系统。

河蟹养殖池塘生态系统是为实现经济目的而建立起来的半封闭式人工生态系统，河蟹的生产过程沿着三个能量流转进行。第一，人工饵料和少量有机肥料为鱼类和饵料动物直接摄食；第二，有机肥料和人工饵料残余及养殖动物粪便转化为细菌和腐屑再被动物利用；第三，肥料、人工饵料残余以及

养殖动物粪便分解后产生营养盐类和为自养生物所利用，并提供初级生产，后者再被动物所利用。由于养殖池塘普遍面积较小、水深较浅，营养结构简单，食物链较短，天气或气候的变化和人工调控措施能在短时间内大幅度改变池塘生态系统中的一些水化学指标以及细菌、浮游生物、原生动物的生物量和种类组成，使其生态结构和功能发生很大变化。

（一）生态系统重要指标

初级生产力是自养生物在单位时间、单位空间内合成有机质的量。它是水体生物生产力的基础，是食物链的第一环节，是反映水体渔业生产潜力的基本参数，它不仅决定池塘的溶氧状况，还直接或间接地影响其他生物和池塘中发生化学作用的化学过程。

所有消费型生物的摄食、同化、生长和生殖过程，构成次级生产力，它表现为动物和异养微生物的生长、繁殖和营养物质的贮存。在单位时间内由于动物和异养微生物的生长和繁殖而增加的生物量或所贮存的能量即为次级产量。在水体生物生产过程中，具有重大意义的次级产量是异养细菌、浮游动物、底栖动物和养殖的鱼虾类。

（二）河蟹池塘生态系统能量流转

河蟹养殖池塘生态系统的变化是自然演化和人为干预的共同结果，具有以下一些特点：生态系统较为简单，物质循环受阻，养殖动物生长所需能量由人工投饵提供，基本不来自养殖池塘生态系统内的浮游植物；池塘食物链简单，一般只有两条：第一条为太阳能—光能自养生物—养殖动物，第二条为投喂饵料—养殖动物；养殖池塘的自净能力差，易受污染；生态系统结构简单脆弱，养殖者对池塘生态平衡的调节起着重要的作用。

氮、磷不仅是生物体必需的两大营养元素，也是养殖水体内较常见的两种限制初级生产力的营养元素，同时作为水产养殖自身污染的重要指标，是池塘养殖水体环境的重要影响因素。传统河蟹养殖中为了追求高产、高效，往往投入大量富含氮、磷营养物质的饵料和肥料，远超出浮游植物生长的需求，引起水体富营养化、病害猖獗、养殖效益下降等一系列问题。河蟹池塘养殖系统中氮、磷主要来自投饵、施肥、放养生物、降水、注水以及径流。其中，人工饵料和有机肥料的投放在氮、磷的输入量上占据重要的比例，分别可以达到氮、磷总输入量的90%以上。

进入河蟹池塘的氮、磷营养盐除少部分被池塘中的生物所同化，大部分还是以微生物解氮作用以及氨挥发、底泥氮和磷沉积、换排水和渗漏等途径输出。底泥沉积是河蟹池塘养殖系统中氮、磷输出的主要形式，其输出量在总输

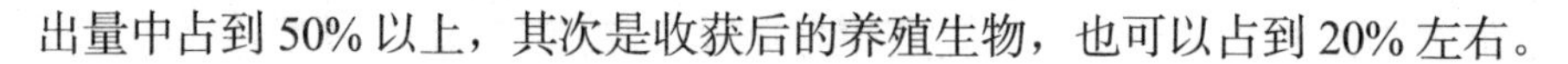

出量中占到 50% 以上，其次是收获后的养殖生物，也可以占到 20% 左右。

（三）河蟹池塘生态系统的物质循环

1. 河蟹池塘养殖物质输入

河蟹池塘养殖的物质输入过程主要包括以下方面：①进水。养殖池塘在使用之前大都会重新进水，而且在养殖过程中为了改善水质也要根据季节和气候变化进行换水，在水中溶解的各种物质就会随着水流而进入到养殖池塘生态环境中，并且这一部分物质会严重地影响养殖池塘的水质；②养殖动物本身；③养殖动物的饲料及养殖过程中的施肥。人工施用的养殖动物饵料为养殖动物提供了生长发育的能量，施肥则能够很好地培养养殖池塘中的各种饵料生物，这些饵料生物对于养殖动物的生长、发育起着重要的作用；④自然降水；⑤生物固氮及固炭。在养殖池塘中有大量藻类及浮游和挺水水生植物能够通过光合作用固定水中和空气中的二氧化碳而形成有机碳，在养殖池塘中还存在着一些固氮微生物，微生物能够将氮气转化为有机态氮素，这些有机碳和有机氮素一方面可能会通过食物链进入到养殖动物体内，另一方面也可能在养殖池塘中沉积，而形成污染。除此以外，还有在养殖过程中施用的少量的各种养殖用药及水质净化剂，这些物质虽然少，但在调节养殖体系中起着十分重要的作用。

2. 河蟹池塘养殖物质输出

河蟹池塘水产养殖的物质输出过程主要包括以下方面：①换水。在养殖过程中由于养殖池塘中的污染物过多，水质变坏，严重影响了养殖动物的生长，可以将这些含有过多污染物的水换出，这样取而代之的则是一些水质较好的水，同时起到增氧的作用，能够改善养殖池塘的水质。②收获养殖动物。河蟹和搭配鱼类的捕捞也可以视作河蟹池塘的物质输出。③生物脱氮作用及生物的呼吸作用。微生物能够在厌氧条件下将水体中的氮素还原为氮气，从而能够使得氮素从养殖池塘中离开，但在养殖池塘生态环境中为了保持水体中具有较高的溶解氧供给养殖动物呼吸作用，通常在养殖过程中都要对养殖池塘的水体进行充氧，所以在养殖池塘中的厌氧环境比较少，只在较深的底泥中存在；养殖动物及养殖池塘中的其他的动植物通过呼吸作用能够将碳素氧化为二氧化碳，气态的二氧化碳能够排出养殖池塘的生态环境。

总之，当养殖池塘中物质的输入大于养殖池塘物质的输出时，该物质就会在养殖池塘中积累，当积累的该物质超过养殖池塘的净化能力时就会污染养殖池塘的生态环境。

## 二、河蟹养殖生态系统主要环境因子与管理

### （一）河蟹池塘生态系统环境因子

1. 主要环境因子

河蟹池塘养殖生态系统中主要存在的环境污染因子：固体颗粒（残余饵料和粪便）；溶解态代谢废物（比如有机酸）；氮、磷等营养盐发生变化并产生氨氮、亚硝酸盐、硫化氢等有毒有害物质；抗微生物制剂和药物残留，以及由于营养盐量的增加和组成改变而导致水体中有机物（尤其是藻类）加速累积。产生的一系列后果，包括有毒有害藻华、溶解氧耗尽、水体恶臭、水产品异味和水下植被及底栖动物损失，对水环境质量、生态系统平衡和养殖动物健康具有负面影响。

养好水产品主要靠水。水源不好和水源不足，会导致什么水产品都养不好，河蟹对水质要求则更高。近些年工业三废和农药等污染越来越严重。我国养蟹多的大江大河及其流域均受到不同程度的污染，农药、渔药、蓝藻水华和养殖不科学等造成的局部污染更是严重。这些污染物均对河蟹有不同程度的毒性。

从生态学角度看，任何生态环境对外来物质都具有一定的净化能力，能够承载一定的负荷，外来物质若超过生态环境对该物质的负荷量、净化能力，该外来物质就会对所处环境造成污染。对于河蟹养殖池塘生态环境也是如此，一方面，人类生活污水、各种工业废水、农业用水等超量排放，污染了养殖用水水源，造成养殖水质下降，养殖环境恶化；另一方面，随着水产养殖业的迅速发展，养殖面积和规模的不断扩大，养殖产量的急剧增加和集约化程度的不断提高，养殖本身对养殖水域环境也产生了一定程度的污染。

2. 有机因子

河蟹养殖池塘底部生态环境中积累的大量有机物质、重金属、过量氮磷等污染物将给养殖池塘生态环境造成严重的破坏。第一，这些污染物由于长期处于水体下层，大多数情况下可能处于厌氧的环境中，在土著微生物的作用下有机污染物会产生氨氮和硫化氢等有害物质；第二，富集在底泥里的这些污染物，在一定条件下又会重新释放出来，污染水体，成为水体污染最重要的内源。

（1）氨

高浓度的含氮有机污染物在养殖池塘的生态环境中能够被池塘中的土著微生物通过氨化、硝化作用产生对河蟹有害的氨态氮、亚硝态氮等有害物质。河蟹是排氨类生物，氮素在其体内代谢的最终产物是氨态氮，并以氨态氮的

形势排出体外。当水体环境中的氨增加时，河蟹体中氮的排出量会减少，导致河蟹血液和组织中氮的浓度升高，这时河蟹会通过自身减少或者停止摄食以减少代谢氨的产生，从而导致河蟹的生长率降低。此外，氨还可能引起河蟹的肾、脾、甲状腺和血液组织的病理变化。

（2）亚硝酸盐、硝态氮

亚硝酸盐对河蟹具有很强的毒性，亚硝酸盐能把血红蛋白中的二价铁氧化为三价铁，使得血红蛋白失去运输氧的能力，亚硝酸盐还能够氧化其他重要的化合物，高浓度的亚硝酸盐还对河蟹的器官造成损害，严重影响其生长、发育。过高的硝态氮对河蟹也具有毒性，硝态氮主要是通过影响河蟹的渗透作用和对氧的运输来影响河蟹的生长。

（3）硫化氢

在养殖池塘底部生态环境的沉积物中，由于有水在上面对其进行密封，而氧又不容易溶解在水中，再加上河蟹的生长对氧的利用和微生物分解有机物消耗了水中溶解的氧气，所以在沉积物中很容易形成厌氧的环境，在厌氧的生态环境中微生物能够将沉积的含硫有机物分解为对河蟹有害的硫化氢等物质，硫化氢对河蟹的毒性非常强，其主要的作用机制就是与河蟹血液中的血红蛋白化合，使血红蛋白失去携氧能力，造成河蟹缺氧而死亡。

（4）pH 值

养殖水体的 pH 值是影响养殖种类摄食、生长的重要因子之一，稳定的 pH 值是保证稳产、高产的重要手段。原位修复中，植物生物量越多，池塘水体 pH 值也越高，水体 pH 值与植物生物量具有极显著的正相关性。这是因为水生植物光合作用吸收水体中二氧化碳，打破了水体中碳酸盐的平衡，从而引起 pH 值的增大。而在强化净化池塘中虽然植物生物量很大，但水体 pH 值只有小幅度的波动且比较稳定，主要是由于密集的水生植物漂浮在水面会阻挡阳光向水下透射，减弱水面下方水生植物和浮游藻类的光合作用，从而抑制了水体 pH 值升高。

### （二）河蟹养殖外源污染

抗生素等化学药物残留和污染。在水产养殖中常使用的化学药物有相当一部分直接散失到水体中，对水体生态环境造成短期或长期的积累性影响，而药物的不规范施用及残留，在杀灭病虫害的同时，也会抑制、杀伤水中的浮游生物和有益菌等，造成微生态失去平衡。一些低浓度或性质稳定的药物残留，可能会在一些水生生物体内产生累积并通过食物链放大，对整个水体生态系统乃至人体造成危害。特别是一些残留期长的广谱性抗生素的过量使用，对微生物生态和环境的影响更大。

养殖体系外源性饲料、过量施肥导致水体富营养化。由于人工饲料富含大量的无机氮磷，进入到水体中溶解，使水体中的藻类大量繁殖，产生大量的对水生生物有害的毒素，使得毒素在水生生物体内积累，达到一定程度时便可以使水生生物死亡；水体生化需氧量大大地增加，水体中溶解氧降低，能够使水生生物因缺氧而死亡，给水产养殖业带来巨大的损失。

（三）河蟹养殖内源污染

高密度、集约化水产养殖技术确实给我们带来了巨大的经济效益，但我们也应当看到，人们为了充分利用有限的资源，获得高产量，获取最大的经济效益，严重破坏了原有的养殖池塘生态环境，使得养殖池塘成了一个畸形的生态环境，其环境净化能力极差，极容易受到污染，在养殖过程中的高密度、高投饲等因素给养殖池塘生态环境带来严重有机物污染。

内源污染又称自污染，主要包括未被利用的饵料、养殖体排泄物和残骸等营养物。河蟹养殖大多都是投喂外源性食物，大量残饵和养殖体的排泄物以及养殖生物的死亡残骸等所含的营养物质如氮、磷，以及悬浮物和耗氧有机物等是主要污染物，并且这些营养物可能成为水体富营养化的污染源，如果养殖水域与外界不能很好地实现水体交换，则容易产生积累性污染，从而形成底泥富集污染的恶性循环。

养殖池塘内源性污染是在人工养殖过程中，由于不合理处置产生的污染物，污染了养殖生态环境，以及养殖产生的污染物如养殖尾水的排放或扩散影响了周边环境。养殖池塘的内源性污染是为了获得高产量、高效益而产生的污染，是伴随着养殖动物的生长而在养殖池塘中积累的污染物，是养殖的一种副产物，是非外界因素而产生的污染物。造成养殖自身污染的因素主要可分为营养性污染、外源投入品污染、底层富集污染。

1. 营养性污染

大量残饵、渔用肥料、养殖物粪便和生物残骸等所含的营养物质氮、磷以及悬浮物和耗氧有机物等是主要污染物，且这些营养物可能成为水体营养化的污染源，养殖水体的自净能力从而严重下降。水产养殖产生的污染负荷与饵料质量、饲料配方、饲料生产技术和投喂方式有关。这些固体废物颗粒可对养殖生物及水质产生潜在影响，主要包括：①直接损害河蟹呼吸器官；②堵塞废水处理滤器的机械，使水循环率降低而限制系统的承载力；③矿化作用产生氨及其他有害产物；④分解过程中消耗大量氧气。

2. 外源投入品污染

为了防治养殖水体生态破坏以及养殖物疾病频发，养殖中经常施用一些药物。养殖中经常使用杀菌剂、杀寄生虫剂、杀真菌剂等防治水生动物疾病的药品；使用杀藻剂、除草剂控制水生植物；使用杀虫剂、杀杂鱼药物、杀螺剂等消除敌害生物。还包括为提高机体免疫能力而使用的疫苗，以及消毒、改良水质、改善底质及增加生产力的化合物等。药物种类多样、剂量大，药物毒性强，由于不规范用药或药物本身的特点等原因，养殖水域药物残留严重，影响或减弱养殖水体自然降解净化能力。

3. 底层富集污染

河蟹池塘底层在养殖生态系统中扮演着污染物源的角色。投入的大量外源性物品，只有小部分以水产品、水生植物、浮游动植物形式存在，或溶解在水体中，绝大部分残留在池塘底层沉积物中。研究表明，水产养殖底泥中碳、氮和磷等含量明显高于周围非养殖水体中底泥中含量，而且经常有残饵富集，并随池龄的增加而增加。

常年养殖且未清淤的池塘中，残饵、粪便、死亡动植物残体以及药物等有害物质在底泥中富集更为严重。底泥中的微生物发生反硝化和反硫化反应，产生氨气和硫化氢等物质，恶化养殖环境。另外，在适当条件下底泥会释放氮、磷等到周围水体中，促进藻类生长，引起水体的富营养化。

### （四）生态污染与河蟹疾病关系

河蟹的疾病也是养殖池塘生态环境污染所造成的一个非常严重的后果。由于常规养殖池塘的养殖密度大，水质污染比较严重等原因，在常规养殖方式下河蟹疾病发生的特点主要表现以下三个方面：①养殖密度较大，在养殖管理等过程中极易使河蟹受伤，以致疾病较易滋生，且河蟹群体中疾病一旦发生，便会以极快的速度传染和蔓延，严重时常引起大量死亡而导致重大损失；②常规养殖的投饵量很大，饲料残留，有机物积累较多，这就容易引起养殖水体的污染与水质变坏，给病原体的滋生与繁殖创造条件，当病原体的数量与毒力达到一定程度时，就会引起流行病害发生；③长期在常规养殖模式下，如果没有合理清塘和消毒，随着养殖时间的增长，在养殖池塘生态环境中积累的有机污染物会大大增加暴发疾病的风险。

一般认为，养殖池塘生态环境中高浓度的有机污染物，为水体中的土著微生物提供了良好的食物，可以使水体中的微生物大量繁殖，研究证实养殖池塘总细菌数与养殖水质有正相关性；其次，高密度的养殖物给这些致病菌、病毒提供了广泛的作用对象；再次，养殖池塘生态环境的污染又为各种微生物包括各种病原微生物、病毒的生长提供了生态条件；最后，养殖池塘生态环境因污染而产生的各种抑制、影响养殖物生长的物质，影响了养殖物的生理状态，降低了养殖物的抗病力。总而言之，养殖池塘生态环境的污染必然会引起养殖物的各种疾病。

河蟹疾病的频繁出现，又会进一步促进外源性药物的使用，致使致病菌的耐药性增加，给进一步防治这些疾病带来困难；更为重要的是由于用药量的明显增加，就必然增加了这些药物在养殖池塘生态环境中的残留，在养殖池塘换水时，这些药物又可以随着水流而污染周围的生态环境，而其沿着食物链就必然会进入到食用这些养殖物的人体中，这样也影响了人类的健康。

### （五）河蟹养殖污染与富营养化关系

富营养化又称为水华，在海水中发生称为赤潮，是养殖池塘生态环境的普遍问题。很多研究表明，水产养殖区底泥中氮、磷的含量明显高于周围水体底泥，而且底泥中经常有残饵富集，形成有机污染，一些老化池塘中，残饵、粪便、死亡生物的残骸以及药物等化学物质在底泥中富集更为严重，促使微生物活动的加强，增加了氧的消耗，参与反硝化和反硫化反应，这些污染物在适当条件下会释放到水体中去，促进藻类生长，引起水体的富营养化。在集约化养殖水体中，氨氮污染已经成为制约水产养殖环境的主要胁迫因子。由于赤潮或水华发生的根本原因是水体中高浓度的氮、磷等营养元素引起藻类的过度繁殖，而造成了一系列的危害河蟹的结果，所以不论是外来污染物，还是养殖污染物都会使养殖水体富营养化，从而使得最终发生水华、赤潮。

从污染发生的机制上看，由于常规养殖池塘生态环境中有机污染物严重超标，并且养殖池塘生态环境中缺乏以有机碎屑为食物的吞食型底栖动物，大量的有机物只能靠细菌分解，还原成含氮、磷营养盐类。这些营养盐类物质在养殖池塘生态环境中大量地存积，这些大量的含氮、磷营养盐类物质是水体中藻类良好的营养物质，所以藻类必然在水体中大量的繁殖。从污染物的性质而言，养殖池塘的污染物基本上都是含氮、磷较高的有机污染物。从污染的范围来说，养殖池塘生态环境的污染具有普遍性，只要是高密度集约化养殖就会受到这种污染，所以养殖池塘生态环境的污染物造成富营养化的能力远比外来污染物的能力强，养殖池塘成为威胁周围环境水体质量，导致周围水体富营养化的重要原因。

### （六）河蟹池塘生态养殖关键指标——溶解氧

#### 1. 河蟹池塘溶解氧重要性

溶解氧是水生动物赖以生存的重要环境因素之一。水生动物不同于陆生动物，常生活在溶氧不足的水环境中，河蟹虽然能爬出水面呼吸，但其从生物属性上属于底栖生物，对水中溶氧变化更加敏感。水中溶氧是河蟹生存、生长的基础，与其生长、繁殖密切相关。溶氧充足，河蟹正常生长；溶氧不足，即便饵料充足，温度适宜，河蟹也不生长，且抗病抗逆能力下降。精养高产池塘，水生生物和有机质较多，溶氧的消耗量大，养殖河蟹常常处于缺氧状态，对河蟹造成直接影响；溶氧对河蟹的间接影响就是造成池塘的厌氧反应，活性淤泥层减少，致使河蟹生存环境恶化，致病菌滋生，引起养殖河蟹病害，对养殖生产造成较大损失。溶氧是池塘养殖的关键控制因子，是生态养殖关注的重中之重，池塘养殖应时刻关注池塘溶氧水平，并重点关注阴雨天溶氧、底层溶氧、淤泥层溶氧，开展溶氧精细管理，测氧养河蟹。

2. 溶解氧来源

水中溶解氧主要来源于水生植物、浮游生物光合作用产生的氧气和空气溶解入水体的氧气。水体溶解氧的饱和含量、水温、盐度与大气压强等密切相关，盐度和大气压强不变，水体溶解氧饱和含量随水温升高，而逐渐降低。

在水产养殖过程中，溶解氧是最主要的制约因素之一。尤其在高密度养殖模式下，水体中养殖对象、浮游生物和底泥等呼吸作用耗氧量较大，极易导致养殖水体夜晚溶解氧含量不足；而且溶解氧含量低，也会导致水体中氧化反应不完全，形成中间产物，如亚硝酸盐、硫化氢等有害物质，影响河蟹的正常生长。

3. 河蟹生态养殖与溶解氧关系

（1）河蟹对溶解氧需求与特殊性

河蟹属于底栖水生动物，对池塘底层水体溶解氧含量有一定的要求。邹恩民等研究发现河蟹的临界溶解氧含量为 1.92 ～ 3.47 mg/L。河蟹生活习性为昼伏夜出。据观察，在水草较多的池塘，河蟹白昼主要活动范围为池塘中水草密集处的中底部，夜晚主要活动范围为水草表层和池塘岸边。在河蟹养殖池塘中，重点关注白昼池塘底层水体溶解氧含量及夜晚池塘整体溶解氧含量的变化。

传统研究发现鱼类池塘中叶轮式增氧机要遵守“三开两不开”原则，以改善鱼类池塘缺氧浮头。池塘鱼类可以在池塘不同水层生存，而河蟹不同，其只能攀附在水草中才能上下选择适宜的水层，或者就生活在池塘底层，当池塘水体恶化到其无法正常生存的情况下，会爬上岸边（夜间上岸为正常活动）。所以河蟹池塘溶解氧主要问题在于改善底层溶解氧水平。

（2）河蟹池塘及增氧机特殊性

河蟹生态养殖池塘与鱼类养殖池塘不同，河蟹生态养殖池塘种植大面积高等水生植物，如伊乐藻、轮叶黑藻、苦草等。水草光合作用产氧成为河蟹生态养殖池塘溶解氧的主要来源。

传统鱼类养殖池塘使用的增氧机是叶轮式增氧机，主要原理就是通过搅动水体，增加上下水层物质交换，也增加了水体与空气的接触面积，加大了空气中氧气的溶解速度。但叶轮式增氧机并不适用于河蟹养殖池塘，其主要原因有：①河蟹的最适宜生存环境为安静、水生植物多的水体。叶轮式增氧机开启时，其叶轮搅动水体会产生较大的噪音，可能影响河蟹的正常生长；②叶轮式增氧机开启时只能保持周围有限范围内溶解氧较高的区域，使鱼群集中到这块区域，从而达到救鱼的目的。河蟹本身游泳能力较弱，和鱼类不同，不借助外部条件无法到达水体表层，没有可能像鱼类一样聚集到增氧机周围。若多设立叶轮式增氧机，其功率较高，电力消耗大，时增加了养殖成本；③河蟹生态养殖池塘沉水植物较多，而且伊乐藻、轮叶黑藻和苦草等株高都能达到 1 m 左右，若使用叶轮式增氧机，极有可能会缠绕在叶轮上，损坏增氧机，影响其正常的使用。

（3）河蟹养殖增氧机使用

如今，河蟹生态养殖池塘增氧机的研究开展较多，研究底层微孔增氧机效果发现，底层增氧设备可以显著提高池塘河蟹的单产和规格，且能降低池塘内氨氮、亚硝态氮等水质指标。合理使用增氧机可以显著提高增氧工作效率，减少河蟹养殖的成本，提高河蟹养殖过程中的成活率、单产和规格。

## 第三节　河蟹养殖水体生态修复

### 一、河蟹养殖水体生态修复的必要性

由于水产养殖面积和规模的不断扩大，养殖量的急剧增加和集约化程度的不断提高，养殖自身对养殖水域环境产生了一定程度的有机负荷，加上人类生活污水、各种工业废水、农业面源污染等对养殖水源的污染，造成养殖水质下降，养殖环境恶化。研究表明养殖水环境污染主要来源于残饵和养殖生物的排泄分泌物，在水质参数上表现为总固体悬浮物、有机污染物以及总氮、总磷等含量的增加，及有害藻类。

研究表明，集约化养殖水体营养水平较高，无论是池塘养殖还是网箱养殖，投饵引起的环境污染都相当严重，很容易引起水体的富营养化。特

别是养殖过程中输入水体的总氮、总磷和颗粒物有相当比例沉积在底泥里，而富集在底泥里的这些污染物，在一定条件下又会重新释放出来，成为水体富营养化的重要内源污染。另一方面，残饵和排泄物在底质堆积，又促使微生物活动的加强，增加了氧的消耗，在缺氧条件下加速了脱氮和硫还原反应，产生硫化氢和氨等有害物质，导致水质的恶化。这严重制约了水产业的健康发展，还影响到消费者的身体健康以及池塘水体生态环境的可持续利用和发展。

## 二、水体生态修复的主要技术

养殖水体净化技术是以养殖水体为研究对象，以水产品养殖业应用为目的，以物理、化学、生物等技术为主体的综合性技术体系。其作用是协助水产养殖产业提高生产力，解决水产品安全、鱼蟹类疾病及资源环境等问题。

### （一）物理修复

物理方法净化水体的优点在于没有二次污染。近年众多研究者对物理修复水体的不断研究和开发，进一步提高了其在水产养殖行业的经济性和适用性。

#### 1. 纳米材料和技术的应用

纳米材料是指至少有一个维度的尺寸小于 100 nm 或由小于 100 nm 的基本单元组成的材料。它是由尺寸介于原子、分子的微观体系与宏观体系之间的纳米粒子所组成的新一代材料。当粒子的尺寸缩小到纳米量级，将导致声、光、电、磁、热性能呈现新的特性。近年来，国内外就纳微米功能材料水处理应用开展了大量的研究工作。但是在水产养殖方面的应用研究尚处于一个起步阶段。目前各国的研究重点主要有两个：一是利用纳米材料进行水质净化；二是利用纳米材料消毒杀菌，这方面的研究报道比较多。纳米能量水处理系统是目前国内外水产养殖前沿高新综合设备。它由纳米过滤器、高频高压纳米场能装置、纳米光催化杀菌、灭藻装置、纳米能量转换器等组成，特别适于水产养殖育苗过程的水处理，能提高苗种的成活率与活力。在中国水产养殖业，2005 年完成了“纳米材料的渔业应用与技术开发”科研项目。研究表明，纳微米功能材料在抑制细菌生长、净化水质、促进鱼类生长、提高鱼虾蟹的抗病能力上具有独特的作用，但在它的作用机制、纳微米功能材料的选用和搭配上还需要做进一步的研究。对水产品养殖而言，用纳米材料来净化水体是否有食用安全隐患，还没有理论和试验依据，所以纳米技术运用于水产养殖尚有一定推广难度。

2. 物理增氧

合理使用增氧机、增氧泵等设备，能起到搅水、增氧、曝气的作用，同时促进并扩大生物增氧功能，是池塘精养高产必不可少的安全保障措施。在水产养殖业中，我国常用改善池塘水质的增氧机主要有叶轮式增氧机、水车式增氧机、射流式增氧机、充气式增氧机、喷水式增氧机、聚氧活化曝气增氧机等。就增氧原理而言，这些增氧机都是建立在气体转移理论的基础上，依靠水跃、液面更新、负压进气三种原理，达到增氧的目的。

3. 物理过滤

物理过滤是指当池塘养殖废水流经充满滤料的滤床时，水中悬浮物和胶体杂质被滤料表面所吸附或在空隙中被截留而去除的过程。由于养殖废水中的剩余残饵和养殖生物排泄物等大部分以悬浮态大颗粒的形式存在，因此采用物理过滤技术是最为快捷、经济的方法。常用的过滤分离设备主要有机械过滤器、砂滤器、压力过滤器等。在实际处理工程中，机械过滤器（微滤机）是应用较多、过滤效果较好的方式。沸石过滤器兼有过滤与吸附功能，不仅可以去除悬浮物，同时又可以通过吸附作用有效去除重金属、氨氮等溶解态污染物。

4. 气浮分离技术

气浮分离技术是固液分离或液液分离的一种新技术。它是通过某种方式产生大量微气泡，并以微泡作为载体，黏附水中的杂质颗粒或液体污染物微粒，形成相对密度比水轻的气浮体，在水浮力的作用下浮到水面形成浮渣，进而被分离出去的一种水处理方法。采用气浮法可以去除溶解性固体、总氮和总悬浮固体。如果是在养殖水中供给气泡，则养殖水中的黏性物质和悬浮物就会结合在气—液界面而浮起，从而在水面上形成高黏性的泡沫，除去这些泡沫即可除去养殖水中体表黏性物质等悬浮物。

5. 物理设备修复水体

水体净化系统中一般配有消毒杀菌设备，利用物理、化学措施减少致病因子对水产品生长的影响。常见的消毒杀菌设备有紫外线消毒器、化学消毒器、臭氧发生器等。紫外线消毒器的消毒效果稍差，但其副作用小，安全性较好；化学消毒器的消毒效果较好，但如果使用不当也可能会对养殖水体造成二次污染；臭氧消毒用于水产养殖水体，由于养殖生物在水中产生许多可变因素，使用方法也因养殖对象不同而改变，使用时除对处理装置的结构有所要求外，还要掌握好臭氧在水体中的安全浓度。

（二）化学修复

化学修复是利用化学制剂与污染物发生氧化、还原、沉淀、聚合等反应，使污染物从养殖环境中分离或降解转化成无毒、无害的化学形态。在水产养殖业中，一般主要对水质理化因子（包括 pH、溶解氧、氨氮、亚硝态氮、硫化氢等）应用水质和底质改良剂、水质消毒剂进行调控。

1. pH

一般要求淡水 pH 为 6.5 ～ 8.5，海水 pH 为 7.0 ～ 8.5，具体因养殖不同水生物而异，例如，河蟹的最适 pH 为 7.5 ～ 8.5。在养殖过程中可适当使用生石灰来调节水体和底泥的 pH。在高温季节，一般每隔 10 ～ 15 天撒 1 次生石灰，施用量 225 ～ 300 $kg/hm^2$。既能促进河蟹生长和蜕壳，还能起到消毒防病作用。

2. 溶解氧

溶解氧是养殖河蟹最重要的因素，在实际养殖中池水溶解氧应保持在 5.0 mg/L 以上才能利于水生动物的生长。若溶氧不足，会影响蟹类等水生动物的摄食。若溶解氧充足，则可以使水体中有害物质无害化，降低有害物质的毒性，为水生动物营造良好的水体环境。试验表明，当池水溶解氧低于 4.0 mg/L 时，河蟹食欲明显减退；当池水溶解氧低于 3.5 mg/L 时，几乎停止摄食，因此关注池水溶解氧的变化十分重要。一般情况下，在河蟹养殖池塘定期使用“粒粒氧”（有效成分：过氧碳酸钠）来提高溶解氧含量，水深 1 m 时“粒粒氧”的用量为 3 $kg/hm^2$，全池抛撒，每 10 ～ 15 天使用 1 次，有效增加水体溶氧，增强河蟹的体质和抗病能力。

过氧化氢的氧化能力强，能够快速更新池底的化学还原状态，减少氨态氮的含量，降低化学耗氧量，并且过氧化氢能使蟹池迅速增氧，是一种无毒、无害、无任何污染的良好去污增氧剂。采用二氧化氯也能收到良好的效果，且具有水质净化效果，能够增加水环境中的溶解氧含量以及降低化学耗氧量和氨态氮值，减低水体富营养化程度。它还能有效地预防水产养殖中传染性疾病的发生和流行。

3. 营养盐

营养盐超标会影响池塘鱼类的生长。当营养盐含量严重超标时，极易导致河蟹中毒、发病，甚至大批死亡。调控水中氨氮、亚硝基态氮的具体措施包括：①通过泼洒沸石粉 450 ～ 750 $kg/hm^2$，利用沸石粉的吸附作用，降低水体中的氨氮、亚硝基态氮，铵离子交换吸附于表面并沉降至池底，从而起到降氨作用；②使用商业水质改良剂，每公顷水面水深 1 m 用 7.5 kg，加入 20 ～ 30 倍的水溶解后均匀泼洒全池，可起到降解氨氮、亚硝基态氮的效果；

③使用石灰除磷，生成沉淀。

使用化学修复剂容易产生有害的次生产物，并没有从根本上降解营养盐类物质，仅暂时降低相关营养盐指标，最终使得水生生态系统的健康状况更加恶化，也易引起水产品品质降低。

## （三）生物修复

生态修复河蟹养殖水体技术是利用生态工程学原理、技术通过水污染控制、水量和水流态的调节等一系列保护措施，最大限度减缓水生态系统的退化，将已经退化的水生态系统恢复或修复到可以接受的、能长期自我维持的、稳定的状态水平。

1. 水生植物修复河蟹养殖水体

水生植物对养殖水体污染的修复研究最多的是关于植物对各种有机物污染、重金属污染的处理。将植物修复应用到水产养殖环境的修复中主要是利用高等水生植物或者藻类的根系、茎叶等功能单位吸收提取养殖废水中的氮、磷等主要污染物，以达到净化底质和水质的目的。

水生植物有沉水型、挺水型、漂浮型之分，各自有独特的生态位，起到的生态修复作用各有不同。生产实践中应综合考虑多种植物的时空搭配，强化养殖生态系统中各种植物的作用，优化植物种植系统和河蟹养殖系统，改善水质指标，降低养殖系统的病害发生率。多种生物联合修复系统与单一生物种修复系统相比较，在能量和资源利用方面具有更大的性能比、更好的稳定性和更高的效率。实现养殖与控污减排相结合、养殖与种植互惠、养殖物种多元化，将是今后修复研究的方向。

（1）水生植物修复河蟹养殖水体的生态效应

水生植物不但可以直接吸收、固定、分解污染物，还可间接地参与污染物的分解，通过对土壤中细菌、真菌等微生物的调控来进行环境的修复，植物在水环境修复中的生态效应主要表现在以下方面。

①固定作用。覆盖于湿地中的水生植物使风速在近水体表面降低，有利于水体中悬浮物的沉积，降低了沉积物质再悬浮的风险，增加了水体与植物间的接触时间，同时还可以增强底质的稳定和降低水体的浊度。

②改善环境。吸收利用、吸附和富集作用：水生植物能直接吸收利用水体环境中的氮、磷等营养物质，再通过对植物的收割将这些物质从池塘生态系统中除去，如菱角、凤眼莲、茭白、满江红等水生植物可有效吸收氮、磷等过剩营养物质。

③传输氧的作用。植物输氧是植物将光合作用产生的氧气通过气道输送

至根区，在植物根区的还原态介质中形成氧化态的微环境。

④为生物提供栖息地。水生植物的根系常形成一个网络状的结构，并在植物根系附近形成好氧、缺氧和厌氧的不同环境，为各种不同微生物的吸附和代谢提供了良好的生存环境，也为残余的营养物质提供了足够的分解者。

⑤维持水生态系统的稳定。维持水系统稳定运行的首要条件就是保证水力传输。水生植物在这方面起了重要作用。植物根和根系对介质具有穿透作用，从而在介质中形成了许多微小的气室或间隙，减小了介质的封闭性，增强了介质的疏松度，使得介质的水力传输得到加强和维持。

（2）水生植物修复河蟹养殖水体效果

水产养殖环境中的植物修复，主要是利用高等水生植物或者藻类的根系、基叶等功能吸收养殖环境中的氮、磷等主要营养物质以达到净化底质、水质目的。许多实验证明，水生植物具有明显去除氮、磷的效果。研究结果表明在沉水植物、挺水植物、藻类的生态系统中，有显著降低总氮、总磷、叶绿素、化学需氧量浓度，改善富营养化水体水质的现象。

随着河蟹生长所需的投饲量增加，养殖水体中氮磷等营养物质会随着残饵和排泄物的累积而逐渐增加，因此造成水体营养过剩，出现水质恶化现象。而种植了水生植物的各原位修复池塘中氨氮、总氮和总磷都得到不同程度的削减，且水体氨氮、总氮和总磷浓度与水生植物的生物量之间具有极显著的负相关性。氨、磷不仅是引起水体富营养化的主要营养元素，也是植物生长的限制因素。植物的生长必须吸收周围环境中的氮、磷以合成自身组织结构，因此植物生物量越大，说明其从池塘中吸收并利用的氮、磷量越多，水体中氮、磷浓度减少得就越多，去除率则越大。单位质量下水花生对总氮和总磷的去除效果略优于伊乐藻，且单位质量下伊乐藻和水花生两者对水体总氮、总磷的平均去除率具有显著的差异。这不仅由于伊乐藻和水花生之间具有不同的生长速率和代谢功能，而且与水花生和伊乐藻的生物量净增长率不同有关。

在原位净化塘中，虽然增加植物生物量可以提高水质净化效果，但高密度的水生植物会影响养殖主体的生存空间并产生自屏效应等，因此不能在养殖池塘中高密度种植水生植物。将养殖池塘中水生植物的生物量和种植密度控制在一定的范围内，不仅可以有效净化养殖水体，而且能更好地保证河蟹的正常生长活动。

（3）河蟹养殖水体种植蔬菜

河蟹排放的废物主要含氮与磷，造成了水体富营养的同时也为水生植物

生长提供了营养来源。河蟹养殖水体种蔬菜改善了水质，良好的水质减少了病害的发生，提高了河蟹的产量，将污染源变成了营养源，形成一个良性循环。

水箱试验表明，种植水生植物，可以去除水中 80% ～ 90% 的悬浮物质以及 70% ～ 80% 的有机物质，减少 90% ～ 95% 的生物耗氧量，并且能使水中的 pH 值保持在标准范围之内。水生植物还能吸收和积聚有毒物质纳入新陈代谢过程。

2. 水生动物净化河蟹养殖水体

（1）水生动物修复水体原理

从生态系统结构而言，由于养殖对象单一，生物组成简单，且是人工所投饵料养殖对象的主要食物来源，从而使整个系统营养层次减少，物质循环和能量流动在一定程度上受阻或某些环节被切断，正常的食物网链也因生产者和消费者之间的结构不合理而难以发挥应有作用。这些因素造成了养殖水域生态系统的稳定性变差，使自身调节能力变弱，生态平衡及结构和功能的完善很大程度上要依靠人类活动的调节，因而很容易引起一系列的环境问题。生物操纵是指通过对水生生物群落及其栖息地的一系列调节，以增强其中的某些相互作用，促使浮游植物生物量下降。经典的做法是通过构建水生生物链“藻类—浮游动物—食浮游生物鱼类—食鱼鱼类”和“藻类—食藻鱼类”，改变养殖生物的种类、组成和密度来调整水体的生态，达到改善水环境。

（2）鱼类和底栖生物修复水体过程

鲢鱼能有效控制蓝藻的生物量。底栖生物修复主要是通过底栖或滤食性生物对养殖环境中的残饵等有机碎屑的利用，减少人工投入的有机浸出物对水体的污染。这些水生动物就像小小的生物过滤器，昼夜不停地过滤着水体。研究表明底栖动物通过生物扰动包括潜穴、爬行、觅食和避敌及对营养盐的吸收、转化、降解和排泄等生理活动影响着营养盐在沉积物、水、气三相界面之间的迁移、转化。滤食性双壳贝类，具有很强的滤水能力，能够过滤大量细小的颗粒物质，包括浮游植物、浮游动物、微生物以及有机碎屑等，以贝类粪便及假粪的形式，使较难沉积的悬浮物沉积下来。

采用的底栖动物多为养殖池塘土著种，个体生物量较小或生长周期长，单位时间内对残饵等有机碎屑利用少，且有废物排泄，往往生物密度过大反而会加快池塘底质的有机污染，因此单一的底栖动物修复效果难以令人满意。滤食性鱼类和贝类在滤食悬浮有机物的同时也大量滤食藻类，而藻类光合作用增氧占池塘氧总输入的 90% 以上。因此，必须要合理配养滤食性动物，以避免影响到水体溶氧功能的恢复。综合搭配多种水生动物，利用各自的生态位，有效提高有机物质的利用率，减少残饵及排泄物，有利于从根本减少水体有机污染，且能提高养殖效益，是今后养殖乃至水体修复的趋势。

## 第四节 河蟹生态养殖水质调控

河蟹的生态养殖，非常注重对水体水质的调控。通过对养殖水体采取定期换水、分阶段进行水质调控、定期使用生石灰和生物制剂等措施，使养殖水体的水质充分满足河蟹生长发育的需要，提高产品的产量和质量、降低成本、增加效益。

### 一、水位调控

池塘水位的调控要根据池塘河蟹的存塘量和河蟹生长的适宜水温这两个因素来决定水位的高低。实际操作中掌握“春浅、夏满、秋适中”的原则，以控制水体水温，尽量满足河蟹的生长需要。

春浅：3—5月份，气温偏低，河蟹刚入塘，池塘存蟹量小，所以此时应保持低水位，提高水温。一般保持水位在40～50 cm，而后要随着气温的升高逐渐加深。

夏满：6—8月份，气温逐渐升至最高，蟹的生长速度加快，存塘量也渐增。这阶段的水位应随气温的渐增而相应调高，控制在100～120 cm。高温季节，水位还可以适当加深。

秋适中：9—10月份，气温逐渐下降，而此时蟹的存塘量渐至最大值，河蟹的生长速度也逐渐缓慢。保持稳定的水位可以满足河蟹的生长需要。水位应控制在80～100 cm。

### 二、池水透明度的控制

池水的透明度是衡量水质的重要指标之一，养殖过程中要定期测试水体的透明度，通过换水、加水、药物调控等方法来调控。在河蟹养殖过程中，不同的生长季节对水体透明度的要求也不相同。

3—6月份，控制池水透明度在30 cm左右；7—9月份，气温较高，河蟹生长快，投饵量加大，水质容易变坏，此时水体透明度控制在40～50 cm，以防止蟹病的发生和池塘缺氧；10—12月份，根据河蟹的生长需要，控制水体透明度在35～40 cm。

## 三、梅雨季节的水质调控

梅雨季节由于光合作用减弱，池水的物理、化学指标发生变化，引发藻类和蟹池水草的大量死亡，造成池水缺氧、pH 值下降，河蟹产生应激反应等危害。针对这种情况，养殖过程中应采取以下措施来调节水质。

### （一）增氧

为防止池水缺氧，可采用增氧机增氧，有条件的地方可采用微孔增氧技术，直接对水体进行增氧。

### （二）停食

梅雨季节，天气闷热，河蟹的摄食量降低。为防止残留饵料对水体的污染，可酌情减少饵料的投喂，甚至停食，防止水质恶化。

### （三）使用生物制剂调节水质

红螺菌科的光合细菌无论是在有光照还是无光照、有氧还是无氧的条件下都能通过其自身的新陈代谢吸收和消耗水体中大量的有机物、氨氮、亚硝酸盐和硫化物等对养殖生物有害的物质，从而使水质得到净化，保持水体适宜的 pH 值和溶氧水平。

### （四）使用生石灰消毒

生石灰溶于水后可作为缓冲体系和稳定水体的 pH 值，促进水体有机物的聚沉和矿化分解，净化水质，同时可作为消毒剂消杀有害细菌，防止病害的发生。养殖过程中要根据需要使用生石灰，控制使用量，使池水的药物浓度保持在 20 mg/L 以下。过多或频繁使用生石灰会造成河蟹的应激反应。

### （五）使用减缓应激反应制剂

为防止河蟹的应激反应，作为水质调节的辅助功能，建议在梅雨季节使用应激宁等制剂，同时在饲料中添加 2% ～ 3% 的维生素 C。

## 四、高温季节的水质调控

高温季节河蟹生长受到抑制，水质容易突变。养殖过程中要注意以下几点：

（1）加大水位，降低水温，控制水位在 100 ～ 120 cm。

（2）控制投喂量，保持少量多餐，少荤多素。减少饲料残留和排泄物，防止水体污染。

（3）使用生物制剂调节水质。根据实际需要定期使用生物制剂。

（4）尽可能不使用化学药品。防止对水体环境的改变，引发河蟹的应激反应或因不适应新环境而造成河蟹的死亡。

### 五、蜕壳期前的水质管理

一个成蟹养殖期大概需蜕壳 3 ～ 5 次，一般蜕壳 4 次。水质的好坏，直接影响蟹的蜕壳生长。

#### （一）蜕壳期前的管理

河蟹在蜕壳前需要环境刺激，促进蜕壳，根据这一特性，养殖过程中应采取以下措施：

（1）在每次蜕壳前 3 ～ 5 天加注新水，增加水体溶氧，改变环境刺激河蟹。

（2）使用生石灰调节水质，使用浓度不高于 20 mg/L。此时使用生石灰有两个目的：一是调节水质，使河蟹产生应激；二是消毒，防止病害侵袭蟹体。

（3）投喂新鲜的动物饵料，促进生长，防止污染水质。

#### （二）蜕壳期的水质管理

和蜕壳前相反，蜕壳后的河蟹需要在一个稳定的环境中生长，防止河蟹的应激反应，所以蜕壳期水质管理技术为：第一是保持水位稳定，原则上不进行换排水；第二是严禁使用化学药品，包括生石灰；第三是投喂动物性饵料。

## 第五节　河蟹生态养殖精细管理

### 一、池塘精细管理的主要内容与要求

水质管理主要包括理化因子管理和生物因子管理两个方面的内容。精细管理的原则是必须确保养殖水体能量流转和物质循环渠道畅通，确保养殖投入品能发挥最大效益。养殖水体只有通过精细管理，科学构建运转高效的水生生物生态系统，才有可能形成高的养殖产出，并维持较好的池塘生态环境。

#### （一）池塘水质要求

包括对养殖水源的水质和养殖水体水质的要求。

1. 养殖水源水质

养殖水源要求无工业污染，水质应符合《渔业水质标准》和《地表水环境质量标准》，引用地下水开展水产养殖时，水质应符合《地下水环境质量

标准》。

2. 养殖水体的水质要求

（1）基本水质因子

基本水质因子是指养殖生产过程中应该时刻测定的水质因子，是池塘日常管理的基础，主要包括溶解氧（DO）、酸碱度（pH）、透明度、水温等 4 个最基本的理化因子，有条件的地方还可测定水体硬度和酸碱度两个水质因子。

（2）营养因子

营养因子是指水体生物合成所需的营养盐类、微量元素和小分子有机物质（如维生素 B2）等水质因子。在养殖实践中一般都比较重视氮和磷，而对微量元素重视不够，在高产池塘常形成微量元素耗尽区，应补充矿物质等微量元素。另外，维生素 B 也是浮游植物光合作用所必需的。

（3）底水层与底质

池塘底层更容易缺氧，缺氧是底层厌氧作用可产生大量的有机酸和硫化氢，而使底层水质偏酸性。因此，相比于 上层水体更应关注底层水体的溶氧和 pH，并关注淤泥颜色和厚度。

（4）有害代谢物及代谢转化机制

水体代谢所产生的有害物质众多，其中最主要的有亚硝酸盐、非离子氨和硫化氢 3 种。厌氧呼吸所产生的多种有机物质大都对水生动物有副作用，因此要求池塘具备这些代谢有害物质的转化机制。代谢物质的转化是一个复杂的生物学过程，应以微生物的多样性为基础。为了定量描述这种机制，可选用光合细菌（PSB）等指标进行测定。光合细菌是一种兼性厌氧的有益微生物，选用它作为代谢物转化机制的描述指标，有较好的代表性。

（5）有毒有害物质。要求池塘周边没有工业污染物。

### （二）池塘底部环境及底质要求

养殖水体底部环境常与地球化学土壤特点、养殖水体沉积物及水环境密切相关，养殖过程中众多疾病的发生往往最初都由底部环境的变化引起，可以说，底部环境是一切疾病的最初诱因。

1. 养殖水体沉积物

养殖水体沉积物主要包括养殖动物排泄物、残饵、动植物尸体、死亡的浮游生物细胞，以及地表径流带来的物质等。沉积物中常含有大量待分解的有机质。多年未清淤的池塘底层沉积物较多，常对养殖生产带来不利影响。网箱多年不移动，底层的沉积物可达数米厚，其厌氧分解产生的大量有毒有害物质积累、上升，致网箱底层本已存在的条件性致病菌快速繁殖，在高密度养殖的网箱内迅速漫延，呈现出暴发性流行趋势。

2. 底部环境与水质因子的相互关系

底部环境与众多水质因子有关，但起关键作用的水质因子是底水层的溶解氧。水体溶解氧有周期变化，呈现出垂直分布和水平分布。底层处于补偿深度以下，底层溶氧靠表面补给，且由于水体的沉积作用和水生生物的呼吸，耗氧量非常大，故养殖水体底层溶氧常较水表层低得多。底层底的溶氧和高耗氧，常使底层出现氧债。氧债多出现在夏季高温的傍晚至清晨、阴雨天的傍晚至清晨。缺氧又使底质沉积物发生厌氧分解，产生硫化氢、亚硝酸盐等有毒有害物质，并使厌氧的病原微生物滋生。因此，溶解氧是水产养殖重要的制约因子，养殖时应特别关注底部溶解氧的水平。任何时候都以底水层溶氧不低于 2 mg/L 为标准。

3. 养殖水体的底质要求

精养河蟹池塘泥自上而下依次划分为有氧层（0 ～ 1.5 cm）、相对无氧层（1.5 ～ 9.0 cm）和绝对无氧层（9.0 cm 以下）。有氧层参与氮循环的细菌动力学作用最活跃，这一层淤泥活性最强；相对无氧层参与氮循环的细菌动力学作用部分地受到含氧量和淤泥深度的限制，这一层淤泥活性略低于上一层，但潜在的活性不可忽视；绝对无氧层通常几乎不参与氮循环作用，活性极低。因此，可将有氧层和相对无氧层合称为活性淤泥层，称绝对无氧层为非活性淤泥层。

在池塘养殖生产过程中，为改善底质溶氧情况，可采取两种方法。第一是在养殖结束清池后干塘晒塘 1 ～ 2 周，然后耕作翻动底泥，将有氧层、相对无氧层和绝对无氧层的底泥进行翻动调整，从而改变底泥分层；也可在养殖过程中进行拉网锻炼，利用底网的掩动从而一定程度上翻动底泥，改变底泥分层。

### （三）微生态制剂在水底质管理中的作用

高产池塘高投入，一般都有较高的有机质含量，虽然晴天补偿深度以上水层光合作用强，合成氧的能力较大，但补偿深度以下水层的耗氧作用也较大。池塘整体化在晚上和阴雨天的耗氧作用也较大，致使底层、阴雨天水体溶氧缺乏，严重时形成氧债。底层有机物在缺氧时多嫌气或厌气分解，降解速度慢，并伴有有毒有害物质产生、积累。有毒有害物质的产生、积累又为水体嗜水气单胞菌等条件性致病菌的滋生创造了条件，这也解释了为什么池塘暴发性鱼病往往都是由底层鱼类如鲫鱼、河蟹等先发病。一般底质改良剂都有絮凝、快速降解底层有机物的能力，可持续增氧、降低底层有毒有害物质，起到改良底部环境的作用。因此，有机质含量较高的池塘，应时刻注意

底层水质环境的改善，常用池塘底质改良剂改良底部环境，只有这样才能使高有机质池塘规避风险，保持高产。

（四）根据天气条件确定管理方案

池塘各项生物、物理及化学因素均与天气变化关系密切。微生物等生物的繁殖生长，水体初级生产力及产氧能力，池塘各水层及底部物质代谢的生物化学过程等，无不与天气变化紧密相关。比较重要的气象因子有温度、光照、降雨及气压变化等。池塘精细管理应以天气预报，特别是3天内的天气预报为基础，科学制定和调整关于池塘培水、调水及投饵的方案。

## 二、看水养蟹——池塘水色及调控

（一）什么是水色？

水色是指水中的物质，包括天然的金属离子、污泥、腐殖质、微生物、浮游生物、悬浮的残饵、有机质、黏土以及胶状物等，在阳光下所呈现出来的颜色。培养水色包括培养单细胞藻类和有益微生物优势种群两方面，但组成水色的物质中以浮游植物及底栖生物对水色的影响较大。

养蟹先养水。水产养殖所要求的优良水质的最基本判断标准是“肥、活、嫩、爽”。水色有“优良水色”和“危险水色”两大类。

1. 黄绿色水

为硅藻和绿藻共生的水色，人们常说“硅藻水不稳定，绿藻水不丰富”，而黄绿色水则兼备了硅藻水与绿藻水各自的优势，水色稳定，营养丰富，为难得的优质水色。

2. 淡绿色或翠绿色水

该水色看上去嫩绿、清爽、透明度在30 cm左右。肥度适中，以绿藻为主。绿藻能吸收水中大量的氮肥，净化水质，是养殖各种水生物较好的水色。绿藻水相对稳定，一般不会骤然变清或转变为其他水色。

3. 浓绿色水

这种水色看上去很浓，透明度较低。一般是老塘较易出现这种水色。水中以绿藻类的扁藻为主，且水中浮游动物丰富。水质较肥，保持时间较长，一般不会随着天气的变化而变化。可用微生物制剂维持水色。

4. 茶色或茶褐色水

该水色的水质肥、活、浓。以硅藻为主，如三角褐指藻、等边金藻、新月菱形藻等，这些藻类都是鱼苗期的优质饵料。生活在这种水色中的养殖对象活力强、体色光洁、摄食消化吸收好，生长快，是养殖各种水生物的最佳水色。但此类水色持久性差，一般 10 ～ 15 天就会渐渐转成黄绿色水。可使用微生物制剂及可溶性硅酸盐制剂调节维持水色。

### （二）优良水色的种类及在水产养殖中的重要作用

优良水色主要有“茶色或茶褐色水”“黄绿色水”“淡绿色或翠绿色水”和“浓绿色水”4 种。优良水色的重要作用主要有以下几个方面：

（1）水体中浮游植物组成丰富，光合作用强烈，池中溶解氧丰富；

（2）浮游植物种类易于消化，可为养殖对象提供天然饵料；

（3）可稳定水质，降低水中有毒物质的含量；

（4）可适当降低水体透明度，抑制丝藻及底栖藻类滋生，透明度的降低有利于养殖对象防御敌害，为其提供良好的生长环境；

（5）可有效抑制病原微生物的繁殖。

良好的水色标志着池塘藻类、菌类、浮游动物三者的动态健康平衡，是水产健康养殖的必要保证。

### （三）危险水色的种类及调控

养殖过程中的危险水色主要有四种：即蓝绿色或老绿色水、绛红色或黑褐色水、泥浊水和澄清水。

1. 蓝绿色或老绿色水

水中蓝绿藻或微囊藻大量繁殖，水质浓浊，透明度在 10 cm 左右。能清楚地看见水体中有颗粒状结团的藻类，晚上和早上沉于水底，太阳出来就上升至水体中上层。这种情况在土塘养殖过程中经常出现。养殖对象在这种水体中还可以持续生活一段时间，一旦天气骤变，水质会急剧恶化，造成蓝绿藻等大量死亡，死亡后的蓝绿藻等被分解产生有毒物质，很可能造成养殖对象大规模死亡。

建议解决方案一：经常产生蓝绿藻过度繁殖的池塘，清塘消毒后常使用微生物水质改良剂，可抑制有害藻生长，培植优良藻群，维持池塘藻相与菌相平衡。

建议解决方案二：①晚上泼洒水溶性维生素 C，提高养殖对象抗应急能力；②第二天上午太阳出来后，蓝绿藻或微囊藻已上升到水体中上层，用硫酸铜等集中泼洒杀灭蓝绿藻，下午 3 点左右再杀蓝绿藻一次，并于下午 5 点后开增氧机；③晚上施放增氧剂防止消毒后造成藻类死亡引起的缺氧；④用活性黑土、活性底改等澄清水体，改善水质和底部环境；⑤加注 20% 优良水色池塘的新水，补充优良藻种；⑥用光合细菌、益生素等调节水质维持藻相与菌相平衡。

2. 绛红色或黑褐色水

主要是由于养殖过程中裸甲藻、鞭毛藻、原生生物大量繁殖造成的。这种水色主要是前期水色过浓，长期投料过量或投喂劣质饲料，造成水体有机质过多，为原生生物的繁殖提供了条件。随着大量有益藻类的死亡，有害藻类成为藻相的主体，决定水色的显相。有害藻类分泌出来的毒素造成养殖对象长期慢性中毒直至死亡。这种浓、浊、死的水质，增氧机打起来水花呈黑红色，水黏滑，并有腥臭味，水面由增氧机打起来的泡沫基本不散去。

建议解决方案：①每天排去 20% 以上量的池水，并加补新水，使整个水体渐恢复活性；②使用活性黑土、活性底改，净化水体，改善水质和底部环境，一般使用后第二天水体的透明度会提高到 20 ～ 30 cm；③晚上可泼洒水溶性维生素 C 和氨基酸葡萄糖缓解养殖对象的中毒症状，增强抗病力，提高养殖对象的抗应激能力；④连续几天换水后，可用芽孢杆菌、光合细菌等微生物水质改良剂调节水质，维持藻相与菌相平衡，培育良好水色。

3. 泥浊水

因土池放养密度过高，中后期出现整个水体的混浊，增氧机周围出现大量泥浆。此水中一般含有丰富的藻类，主要以硅藻、绿藻为主。由于养殖对象的密度过高，阻碍水体中泥浆的沉降作用，使水体中的藻类很难大量繁殖起来而出现优良的藻相水色。在养殖中后期，亚硝酸盐普遍偏高、pH 偏低，调水难度较大，养殖风险相当大。

建议解决方案：①控制放养密度，合理放养；②一旦出现浑浊前兆，可用絮凝剂、活性底改等吸附、沉淀净化水体；③适当追施生态培藻灵，并施放光合细菌调理水质，培植优良藻群，培育良好水色；④高温季节用细菌制剂降低水体亚硝酸盐浓度；⑤必要时可使用增氧剂预防低氧；⑥渐渐加深水位，水位高低可根据具体养殖对象而定。

4. 澄清水

一般在早春气温低、光照不足的情况下出现。一旦澄清水持续 5 ～ 8 天，很可能造成底栖藻类大量繁殖吸收水体中的肥料，进一步提高了肥水的难度。另一种情况是放养时水色较好，一般是在 7 ～ 10 天后由于大量的浮游生物繁殖而摄食藻类，造成整个水体清澈见底。

原因一的建议解决方案：适当加深水位；用生物有机肥等培肥水质，并配合使用光合细菌，提高池塘初级生产力；底栖藻类生长多时还要先用药物杀灭底栖藻类。

原因二的建议解决方案：用生物有机肥等培肥水质，并配合使用光合细菌，提高池塘初级生产力。

## 三、测水养蟹

### （一）常用检测项目

检测水质的内容当然越多越好，但不现实，一则经济上不适用，二则检测全部生产单位没有条件，也没有必要，耗时过久对生产没有多大的指导作用。广泛实用的测水养蟹技术要求方便、快捷、经济、实用，所测定的因子在生产管理中具有重要的作用和地位，应当是现测现用。如溶液氧是池塘生物与非生物因子、有机与无机因子联系的纽带，是池塘直接或间接死蟹的重要环境因子，是池塘一切管理的基础。如果说有一个因子能把池塘中所有的因子联系起来，那么这个因子必然是“溶氧”，且可现测现用，是测水养蟹的重要内容。后面介绍一下采水器及水温、pH、透明度、溶氧、氨氮（非离子氨）、硬度、碱度及总磷等生产管理上水质因子的快速检测方法，并简要说明其功能。

### （二）常用水质因子的快速测定

1. 溶解氧

水体溶解氧是水产养殖最关键的环境制约因子，并应特别关注底层溶氧与阴雨天的水体溶氧。某水产科学研究所的研究人员建立了“溶氧（DO）参比卡法”，可现场 5 分钟内测定出水体溶氧，通过测定出的溶氧浓度，确定是否开增氧机。

测定方法如下：用 2.5 L 或 5 L 采水器，采集不同水层的水样，将采水器的乳胶管放入 25 mL 左右的比色管底部取水样，取水样时要求漫出的水量为比色管水量的 2 ～ 3 倍，取水不留空间。用注射器加 A 液 0.5 mL、B 液 1 mL，加 A，B 液不能滴入，注射器针头入水深度在 1 ～ 2 cm，避免空气中的氧气溶入水样中，加盖上下摇动数次，用参比卡对照，确定水样溶氧浓度。

能否准确把握水中各水层溶氧，避免空气中氧气溶入水中，关键是要有专制的采水器，以及水样采集过程中尽可能避免空气中氧气溶入水中。

2. 氨氮

水体氨氮具有两重性：一方面氨氮是浮游植物光合作用氮吸收的基础，水体植物和浮游植物生长所需求的营养物质；另一方面，氨在水中有两种存在形式，即离子氨和非离子氨，非离子氨对水中动物有较强的毒性，或抑制水体动物，包括养殖河蟹的生长，或使养殖河蟹致死，一般养殖河蟹非离子氨的致死浓度为 0.025 mg/L。因此，氨氮的测定和非离子氨浓度的计算十分重要，是池塘管理和指导施肥培水的重要环节，适合于养殖户和肥料生产厂。

（1）氨氮的快速测定——目标比色法

取水样 1 ～ 10 mL，放人比色管中，加入 A 液 4 ～ 5 滴，B 液 4 ～ 5 滴充分摇匀，10 分钟后用比色卡比色读出氨氮值，具体水样量及比色方法见比色卡。

（2）非离子氨的简易计算方法——计算卡法

非离子氨 pH、水温和氨氮用计算卡分两步求得，第一步通过水温、pH 连接线，求出非离子氨在氨氮中的百分比；第二步通过第一步求得的百分比值和氨氮值连接线，求出非离子氨。另外，根据池塘氨氮本底值、水体 pH、水温和不影响河蟹生长的非离子氨值（一般为 0.025 mg/L），利用计算卡也可以求出施肥量，指导施肥。

3. pH 值

pH 值是判定水体酸碱度和计算非离子氨的基本水质因子，与水体多种生物化学因子和水中各种生物密切相关，是池塘养殖中仅次于溶氧的基本水质因子。用 pH 计测定，或精密 pH 试纸测定。

4. 透明度

池塘透明度是反应水体光能吸收度大小、水体浮游生物和有机物多少的一个综合性物理因子。生产上可用自制采水器测量，或自制黑白盘测量，池塘透明度一般用 cm 表示。

5. 补偿深度

水体中向下光线减弱很快，水越深处光合作用越弱。当光合作用减弱到与呼吸消耗量平衡时的水深度为补偿深度。

由于水的特殊物理性，水中太阳辐射强度没有大气中强烈，而且光质也有很大改变。红外线在水上层仅几厘米处就被吸收掉，紫外光也只可透过几十厘米至 1 m 左右水层。精养池塘含有大量有机物和浮游生物，太阳辐射除被水本身吸收外，还被水中溶解、悬浮的有机质和无机颗粒吸收、散射。所以光照强度随水深增加迅速递减。故此，浮游植物的光合作用及其产氧量也随之减弱，至某一深度浮游植物光合作用产氧量恰好等于其呼吸作用耗氧量（包括细菌），此深度即是补偿深度。补偿深度以下即为耗氧水层。一般而言，养殖水体补偿深度一般为透明度的 2.5 ～ 3.0 倍。精养鱼池一般补偿深度为 1.2 m 左右。

水中浮游生物和悬浮物质的多少决定透明度的大小。由于浮游生物有季节性变化、水平变化和昼夜变化，故透明度也有相应变化。透明度大小表明水质肥瘦程度。肥水池塘一般透明度在 25 ～ 35 cm。透明度太小，水质太肥，甚至污染，对鱼蟹类生长不利，易生病及泛塘；透明度太大，则水质太瘦，生物贫乏，鱼蟹类生长慢。据测定表明，透明度一半的深度，是水中浮游植物光合作用产氧最大的水层。

所以从补偿深度和透明度的特性表明，池塘水深宜在 1.5 m 左右。池塘太浅、水体太小，容纳量有限；太深而耗氧层太厚，河蟹容易缺氧。

调节光照和透明度的方法，一般是以合理施肥、投饵，来调节水质肥瘦程度，达到“肥、活、嫩、爽”，同时注意经常给池塘加、冲新水和搅动水层使水循环等，以促进和扩大浮游植物的光合作用功能。其次，以适当药物谨慎调节。

# 第三章 淡水鱼类生态养殖

## 第一节 鱼苗鱼种饲养

鱼苗鱼种培育一般分为两个阶段：鱼苗培育是将鱼苗经过 15 ～ 20 天的饲养，长成 3 cm 左右的稚鱼，习惯上把这时的稚鱼称为“夏花”。许多地区是将鱼苗经 8 ～ 10 天的饲养，全长达到 17 ～ 20 mm 就拉网分塘，再培育成夏花，这种稚鱼称为“乌仔头”；鱼种培育是将夏花分塘，经 2 ～ 5 个月的饲养，使其长成 10 ～ 20 cm 的幼鱼，习惯上把这时的幼鱼称为一龄鱼种或当年鱼种。一龄鱼种秋季出塘的称为“秋花”或“秋片”，到第二年春季出塘的称为“春花”或“春片”。

鱼苗鱼种的培育是养鱼生产的重要环节，其主要目的是为商品鱼饲养提供数量充足、规格适宜、体质健壮的鱼种，关键问题是提高成活率和生长率。为此必须根据鱼苗鱼种的生物学特点提供它们生长所需要的环境条件和饵料条件，促进其生长。

### 一、鱼苗种类和质量鉴别

鱼苗饲养中放养的是刚能平游、开口摄食，处在仔鱼期的鱼苗（水花）。对其种类和质量进行鉴别，有助于生产者或经营者区分和选择优质鱼苗，为提高鱼苗饲养成活率奠定基础。

#### （一）鱼苗种类鉴别

可根据其外形特征、鳔的大小和形状、体色和色素分布的情况、尾鳍的形状和部分区域的血管分布情况等特征进行区分。区分时，先观察群体的体色和大小情况，然后捞取少量鱼苗观察个体的特征。

#### （二）鱼苗质量鉴别

鱼苗质量的好坏对鱼苗的生长速度和成活率影响极大。一般可用下列方法区分其质量的优劣：看体色，群体鱼苗体色相同，无白苗死苗现象，体色微黄或稍红为强苗；而鱼苗群体体色不一，称为“花鱼苗”，苗体拖带污泥，体色发黑或带灰色为弱苗。看苗群的游动情况，受惊吓能迅速分散下潜，用手在盛苗容器内搅动水体形成漩涡，大部分能逆水游泳者为强苗；相反，受惊吓后行动慢，大部分被卷入漩涡者为弱苗。再者，随机捞取少量鱼苗放入白瓷盆内，口吹水面，能逆水游泳，倒掉水后，鱼苗在盆底剧烈挣扎，头尾弯曲成圆圈者为强苗；相反，顺水游泳，挣扎无力，头尾仅能扭动者为弱苗。

## 二、鱼苗鱼种生物学特点

### （一）鱼苗阶段生物学特点

1. 个体小，活动能力弱

鱼苗身体幼小，全长 0.5 ～ 0.9 cm，体表无鳞只有鳍褶，活动能力弱，对外界不良环境以及敌害生物的抵抗能力极低。饲养过程尤其要尽可能创造一个无敌害生物的环境，以提高其成活率。

2. 口裂小，食谱范围狭窄

刚孵出的鱼苗均以卵黄囊中的卵黄为营养（内营养阶段）。当鱼苗鳔充气后，在短暂的几天内，一边吸收卵黄，一边摄取外界食物（混合营养阶段）。卵黄囊中的卵黄一旦用尽，就完全靠摄入外界食物为营养来源（外营养阶段）。刚下塘的鱼苗口裂小，只有几十微米到百十微米，摄食器官（如鳃耙、吻部等）尚未发育完善，只能靠吞食的方式摄食一些小型浮游动物，主要食物为轮虫和桡足类的无节幼体（开口饵料）。

鱼苗饲养过程中，随鱼体的长大，其口径逐步增大，摄食器官也逐步发育完善，至全长 1.5 ～ 1.7 cm 时，鲢、鳙鱼的食性开始分化，逐步由吞食转为滤食性，以水中悬浮颗粒（浮游生物、腐屑等）为食。草、青、鲂、鲤等鱼摄食始终都为吞食，但随口径增大，食谱逐渐扩大，食物个体也逐步增大（大型的枝角类和桡足类、底栖生物、植物碎屑、芜萍等）。因此，在饲养过程中，根据鱼苗规格的大小提供数量充足的适口饵料，是提高成活率及促进鱼苗生长的重要方法。

3. 新陈代谢水平高，生长快

鱼苗阶段是鱼生长速度最快的时期，需要从外界摄取大量的营养物质以供其生长和消耗。而鱼苗体内脂肪积累少，耐饥饿能力差，如果缺乏适口饵料，则会降低鱼苗的成活率。

（1）个体小，适口饵料少。

（2）吞食性鱼类（杂食、草食及肉食性）其食性由幼鱼（以浮游动物、底栖动物为食）转为成鱼食性，食谱范围由窄转宽，其群体间因吃食不均而造成个体生长差异。

（3）喜食天然饵料。

（4）不同种类的鱼对水质有不同的要求。

（5）生长快，新陈代谢水平高，如环境不适，易患鱼病。

## 三、鱼苗培育技术

为提高鱼苗培育的成活率，根据鱼苗生物学特性，要求创造无敌害生物、水质良好的生活环境，保持量多质好的适口饵料，培养出体质健壮，适宜运输的夏花鱼种。为此需专门的池塘进行培育，这种由鱼苗培育至夏花（或乌仔）的池塘称为“发塘池”。

### （一）鱼池选择

选择交通便利，水源充足，水质良好，进排水方便的池塘。面积适中，便于操作，最好为长方形，东西走向，通风向阳，水深 1.0 ～ 1.5 m；池底平坦，向出水口侧倾斜，淤泥 10 ～ 20 cm，不渗漏，无丛生水草。

### （二）清整池塘

整塘：干塘后，维修堤埂滩脚、闸门，清除（或用泥浆泵吸去）过多的淤泥、池边杂草，平整池底，暴晒数日后进行药物清塘。

清塘：常用清塘方法有生石灰清塘和漂白粉清塘两种。

### （三）确保鱼苗在轮虫高峰期下塘

为了保证鱼苗下塘后能获得量多质好的适口饵料，必须在下塘前将鱼苗池水质培育好，使轮虫达到高峰期，这样，鱼苗下塘后生长快，成活率高。池塘清塘后水中生物演替的过程可表示为：清塘→浮游植物→轮虫→小型枝角类→大型枝角类、桡足类。在水温 20 ℃～ 25 ℃条件下，完成这一过程大致需 15 ～ 20 天时间，轮虫高峰期出现在第 8 ～ 10 天。从浮游生物的演替过程看，在浮游植物大量繁殖后，必有一个轮虫集中繁殖的时期，即轮虫高峰期。只有在轮虫高峰期时最适合鱼苗下塘。

做到轮虫高峰期适时下塘的主要措施有：

1. 选择有足够休眠卵的培育池

池水中能否培育出大量的轮虫，首先决定于池底是否有足够数量的休眠卵。因此，须选择有丰富休眠卵的池塘作为鱼苗培育池。

2. 根据水温提前清塘

生产经验表明，水温与轮虫高峰期出现的时间有以下的大致关系（底泥中有效休眠卵量为 100 万～ 200 万粒每平方米）。

20℃～ 25℃　8 ～ 10 天

17℃～ 20℃　10 ～ 15 天

15℃～ 17℃　15 ～ 20 天

10℃～ 15℃　20 ～ 30 天

只要有足够休眠卵（大于 100 万粒每平方米）的池塘，根据水温提前清塘，便可做到鱼苗在轮虫高峰期适时下塘。

3. 延续轮虫高峰期

从生物学角度看，鱼苗下塘的时间应选择在清塘后 7 ～ 10 天，此时下塘正值轮虫高峰期。但依靠池塘天然生产力培育的轮虫数量并不多，而且只能维持 3 ～ 5 天，之后，由于环境条件的恶化而迅速下降。实践表明通过施肥、除害和注水等人为措施可有效地延续轮虫的高峰期。通常，单用药物控制枝角类、桡足类等敌害，可使轮虫高峰期延续到 10 ～ 15 天，如果辅以强化施肥和加注新水等措施，可将高峰期延续到 20 ～ 30 天。

一般用敌百虫来杀除枝角类和桡足类。当池水在 pH8 ～ 9、水温 20℃～ 25℃条件下，晶体敌百虫对各类浮游生物的致死浓度分别为：

| | |
|---|---|
| 大型枝角类（隆线蚤大型蚤等） | 0.05 mg/L |
| 小型枝角类（裸腹蚤等） | 0.3 ～ 0.5 mg/L |
| 桡足类（剑水蚤） | 0.5 mg/L |
| 轮虫 | 1.5 ～ 2.0 mg/L |

通常在池水中按 0.3 mg/L 的浓度全池泼洒晶体敌百虫，可以杀灭枝角类，保存并增殖轮虫。

施有机肥能有效增加池塘轮虫的生物量。药物清塘时浮游藻类等被杀死，直到 3 ～ 5 天后才开始繁殖，这时轮虫休眠卵已开始萌发，在此期间施有机肥，可为刚孵出的轮虫提供腐屑、细菌等食物，同时也为加速藻类生长创造条件。施肥可使轮虫的生物量较天然生产力提高 3 ～ 8 倍，并有效地延续，但如果施肥过晚，池水轮虫数量尚少，鱼苗下塘后因缺乏大量适口饵料，必然生长不好；若施肥过早，轮虫高峰期已过，大型枝角类大量出现，鱼苗非

但不能摄食，反而出现枝角类与鱼苗争抢溶解氧、空间、饵料的情况，鱼苗因缺乏饵料而大大影响成活率。

### （四）合理密养

鱼苗孵出的 4 ～ 5 天，鳔充气，能正常平游后就可以下塘。鱼苗下塘前应检查鱼苗池，看塘中是否有没被杀死的有害生物，若池中仍残留有害生物，可以用鱼苗网拉几次，严重者就必须重新清塘。鱼苗下塘时要注意，孵化设备或运鱼容器内的水温与鱼苗池的水温差不能超过 3℃。另外还须注意鱼苗要在上风处下塘。

鱼苗的放养密度随池塘条件、饵、肥料的数量和质量、鱼苗的种类、饲养技术而有所变动。对于常规养殖鱼类来说，一般放养密度为每亩水面 10 万～ 15 万尾；若先养成乌仔，每亩水面可放养 20 万～ 30 万尾；由乌仔养成夏花，每亩水面可放养 3 万～ 5 万尾。鱼苗培育通常采用单养。

### （五）精养细喂

因选用的饲料、肥料不一，饲喂方法也不一。但总的原则是根据鱼苗各生长阶段食性与口径，提供或培育量多质好的适口食物供其摄食。常用的有有机肥加豆浆饲养法和豆浆饲养法 2 种。

1. 有机肥加豆浆饲养法

鱼苗在轮虫高峰期下塘 5 ～ 7 天后，每亩再施腐熟粪肥 100 ～ 500 kg，滤食鱼类如鲢鳙鱼苗池几天后再施 1 次，也可从下塘开始每天每亩泼洒粪肥汁 50 kg，分上午和下午 2 次泼入。

施肥的同时要每天泼豆浆，豆浆要细而匀，泼洒全池。鱼苗下塘后前 5 天之内泼有机肥汁时泼豆浆每天 2 次，不泼有机肥汁时每天 4 次，每天每亩用黄豆 2 kg 左右。5 天后再以每天泼洒 2 次，豆浆浓度要大一些，每天每亩用黄豆 3 ～ 4 kg，对一些吞食性鱼类还需增投豆渣、豆饼糊等，沿池边堆放在离水面 30 cm 左右的浅水处，以免鱼苗患跑马病。

磨豆浆时要注意黄豆浸泡时间的掌握，一般水温 25℃时浸泡 5 ～ 7 小时，豆瓣中间微凹时出浆率最高。磨好的浆要及时泼洒，不能兑水泼，否则容易沉淀。泼豆浆的主要作用是肥水，因豆浆细且泼洒匀，所以肥水效果好，被鱼吃掉的仅是很少一部分。

2. 豆浆饲养法

其基本方法与上述相似，只是要增加黄豆的用量，每天每亩用黄豆 3 ～ 4 kg，5 ～ 7 天后每天每亩用黄豆 5 ～ 6 kg。培育每万尾夏花需要黄豆 7 ～ 8 kg。豆浆法培育鱼苗，既可以直接供鱼苗摄食，又能起到速效肥水作用，水质稳定，鱼苗生长均匀，成活率高。

（六）分期注水

鱼苗初下塘时水位保持在 50 ～ 70 cm，以后每隔 3 ～ 5 天加注新水 1 次，每次使水位升高 10 ～ 20 cm，培育期间共加水 3 ～ 4 次，最后加注到最高水位。鱼饲养期分期注水是提高鱼苗成活率和生长速度的重要措施之一。

（七）加强日常管理

每天早、中、晚坚持巡塘，做到“三勤”和“三查”。即早晨查鱼苗是否浮头，勤捞蛙卵；午后查鱼苗活动情况，勤除池埂杂草；傍晚查鱼苗池水质，勤做记录，安排第二天的投饲、施肥和注水等工作。此外，还应注意消灭有害昆虫，经常检查有无鱼病，及时防治。

（八）拉网锻炼

鱼苗经 20 天左右的饲养，长到 3 cm 以上，进行拉网锻炼分塘。分塘前要经 2 ～ 3 次拉网锻炼。第一次拉网把夏花围集在网中，稍加密集后放回原池，能起到去除夏花体表部分黏液、增加鱼体对缺氧适应能力的作用。第一网后隔一天进行第二次拉网锻炼，将鱼密集后，使其自由游入网箱，然后慢慢推动网箱前进，借助水体交换而改善箱内溶氧状况，20 ～ 30 分钟后视鱼体活动情况，可停止前进并将网箱扎在深水处，进行 0.5 ～ 1.0 小时密集锻炼，最后放回原池。若需外运，则第二次拉网锻炼后，隔一天再拉第三网，将鱼暂养于清水塘网箱中吊养一夜，次日清晨即可过数装运。

分塘拉网操作时应注意以下要点：第一是拉网分塘前要停食一天，因饱食的鱼耗氧量大，容易浮头，对拉网不利；第二是淤泥多、水浅的池塘，或水不浅但水很肥鱼浮头的池塘，应在拉网前加注新水；第三是拉网速度不能太快，不能把水搅浑，淤泥深的池塘应在网的底纲上夹些草把，以防底纲拖泥。收网时应随时用手在网外边向网上泼水并轻轻抖动网衣，防止鱼苗贴网。网片收拢后，应轻轻从网箱一端泼水，造成微水流，使鱼群自动逆游入网箱；第四是夏花进箱后要及时清洗网箱中的污物，洗去网衣上的黏液，保持网箱内外水流畅通；第五是若发现鳃盖发红、鳍上挂泥等异常现象，应视其轻重程度决定是否立即放回原池，稍加新水，次日再分。

## 四、鱼种培育技术

鱼苗培育成夏花时，体重增长非常快，若仍在原池继续培育，会因密度过大而影响鱼体进一步生长，必须分塘养殖。

（一）池塘选择及清塘

鱼种池与鱼苗池相似，面积一般 5 亩左右，水深 1.5 ～ 2.0 m 为宜，底泥厚度以 10 ～ 15 cm 为宜。清塘方法与鱼苗池的相同。

（二）浮游动物高峰期下塘

夏花阶段尽管鱼种的食性已经分化，但对浮游动物等生物饵料均特别喜食，因此，鱼种池在夏花分塘前施有机肥以培育浮游动物等生物饵料，这是提高鱼种成活率的重要措施。视塘泥量确定发酵粪肥的用量，一般每亩施 200 ～ 500 kg。清塘后 2 ～ 3 天注水至 80 cm 左右，注水时应过滤，防止野杂鱼进入。以滤食性鱼为主的池塘，鱼种应控制在轮虫高峰期下塘，而以吞食性鱼为主的池塘，应控制在水蚤等浮游生物高峰期下塘。培育枝角类等浮游生物的鱼种塘，要将水蚤等培育至成团，早晨蚤体不呈红色为度。若水蚤过多，可以注水或换水调节，不可轻易药杀。夏花入塘后，用化肥调节水质，即可维持水质的肥度，保证水中有充足的溶氧，又可防止带入病原体。视水质每次每亩用尿素 2 ～ 3 kg，同时施等量至 2 倍的过磷酸钙。鱼塘一般普遍缺磷，培育过程中需施磷肥。切勿过量施肥，过量施氮肥会造成蓝绿藻的大量繁殖，使水质老化。培育好天然饵料，可以在一周左右不用投喂人工饵料，每 3 ～ 5 天要注水 10 ～ 20 cm，以延长水蚤等浮游生物的高峰期。

（三）合理混养

几种鱼类适当搭配混养，可充分提高池塘的利用率和鱼种的成活率。一般采用两三种鱼类混养，做到合理搭配。如以鲤鱼或草鱼为例，主体鱼鲤鱼或草鱼的量可占总放养量的 70% 左右，同时充分利用水体天然饵料资源，控制水质，可搭配放养 25% 左右的鲢鱼和 5% 左右的鳙鱼。一般来说，主体鱼要先放养一周左右，然后再放搭配鱼。

放养密度视池塘条件、养殖品种、分塘早晚、计划出塘规格等而定。以鲤为例，一般每亩放养 5 000 ～ 6 000 尾，搭配鲢、鳙 2 000 尾，规格可达每尾 100 g 以上，产量每亩 500 ～ 700 kg。

各种鱼具体的混养比例和放养密度，可结合当地的实际情况进行合理安排。

（四）投饲管理

鱼种通过前期阶段的天然饵料或适口、喜食饵料的培育，一般会出现一个突长期，可迅速达到一定的规格，此时食谱变宽，可及时采取配合饲料进

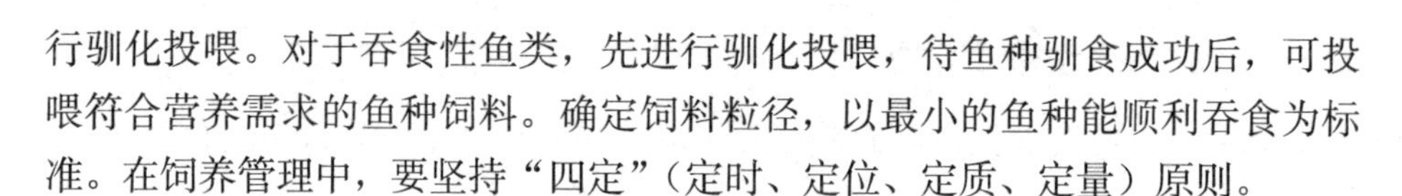


行驯化投喂。对于吞食性鱼类，先进行驯化投喂，待鱼种驯食成功后，可投喂符合营养需求的鱼种饲料。确定饲料粒径，以最小的鱼种能顺利吞食为标准。在饲养管理中，要坚持“四定”（定时、定位、定质、定量）原则。

（五）及时分塘

鱼种阶段生长迅速，代谢旺盛，对饵料的要求较高，在饲养过程中极易出现生长速度不一、规格差异过大等情况，一般采取一次放足，提大留小、多级稀养的培育方式。其优点在于：一是解决鱼种群体生长不均匀的问题；二是解决饲养早期阶段密度过稀，没有充分利用水体，后期又因密度过大而抑制生长的问题；三是可划出专门的饵料培育池，能为鱼种培育提供量多质优的饵料生物，保证成活率，为促长促均匀打下基础。

（六）加强日常管理

坚持每天巡塘，观察水质变化和鱼的动态、鱼的摄食情况，以采取相应的措施。适时注水，按池塘中主养鱼种对水质的要求来控制水质。分期拉网，分疏密度，提大留小，分级饲养，同时检查鱼种生长情况，以调整投饲量。适时开启增氧机，定期投喂药饵，利用药饵和常规防病措施预防鱼病的发生。

## 第二节　池塘高产综合技术

### 一、池塘条件

良好的池塘条件是养鱼获得高产、稳产的关键之一。日前高产稳产鱼池的条件要求如下：①养殖池塘应选择水源充足、水质良好、交通方便的地方进行建设；②面积适宜，以 10 ～ 30 亩为宜，池底保持 15 ～ 20 cm 厚的淤泥；③池水较深，一般在 2.0 ～ 2.5 m；④有良好的水源和水质，而且进排水独立分离；⑤池形整齐，堤埂达到一定的高度和宽度，池底平整不渗水，鱼池形状一般以东西长、南北宽的长方形为好，长宽比以 5 ∶ 3 为宜；⑥最好配有一定面积的陆地种植青饲料；⑦配备增氧设备和投饵设备。

### 二、鱼种放养

鱼种放养要根据选定的混养模式，组织好鱼种的种类、数量和规格，实施科学地放养，合理地密养。

### （一）放养时间

秋季放养鱼种，在10月中下旬水温10℃～15℃时进行。这时水温低，鱼活动力弱，鳞片紧密，在捕捞筛选和放养过程中不易受伤，可提高成活率。秋放后，使鱼适应越冬环境，可提早开食，有利于鱼的生长。无秋放条件的池塘可春季放养，一般在3月下旬至4月上旬放养。

### （二）放养前的准备工作

一是要彻底清塘消毒。先抽干池水，暴晒数日，每亩用生石灰75 kg化水全池泼洒，消灭病菌及敌害；二是要施好基肥，培养好天然饵料，通常每亩池塘可施腐熟的粪肥300～500 kg；三是要把好鱼池进水，进水要用筛绢网过滤，池水保持在1.0～1.2 m即可，以便提高水温；四是要准备充足的饵料，如以鲢、鳙鱼为主养鱼的，要落实好肥料来源，因地制宜发展养猪、奶牛、家禽养殖，实行鱼猪结合或鱼禽结合等生态养鱼方式。

### （三）鱼种合理搭配

放养鱼的种类、规格、数量的搭配比例，直接关系到水产养殖的产量和效益，因而必须严格把好鱼种关。

1. 鱼种品种齐全

要根据选定的混养模式和搭配的比例，确保主养鱼、配养鱼品种齐全，符合搭配比例。

2. 鱼种规格多

通常青鱼、草鱼种要放3种规格，即3龄、2龄和1龄，鲢鱼、鳙鱼也要放1龄和套养当年夏花，而鲤鱼、鲫鱼、鲂鱼也以1龄鱼种为主。为此要搞好鱼种放养，还必须确保放养的鱼种规格齐全。

3. 鱼种质量优

放养的鱼种必须规格整齐，体质健壮，鳞片完整，鳍条无损，游泳活泼，无病无伤，溯水能力较强。

### （四）鱼种放养密度

合理密养是池塘养殖的重要高产措施，它是在多品种混养的基础上，充分利用水体、饵料以及不同养殖鱼类、不同年龄鱼的生长优势，开发鱼池生产潜力，获得高产高效。鱼种合理放养密度的确定，必须遵循以下科学依据：①鱼池条件要好，池大水深，水源充足，进排水方便，配有增氧设备；②鱼种基础雄厚，各种放养鱼类，各种不同规格、不同年龄的鱼种齐全，数量充足；③饵肥料来源广，能保证供应；④饲养管理技术水平较高。

（五）放养方法

药物清塘后 10 ～ 15 天，可在鱼池中放一小网箱，箱内放数尾鱼种，经 2 ～ 3 天观察，鱼种活动正常，说明池水毒性消失，可以放养。鱼种放养须在晴天进行，避免在雨、雪等冷天气中捕捞、筛选和运输，以免冻伤。放养过程中动作要迅速，细心操作，防止鱼体受伤。为了防止鱼种把病原体带入鱼塘，可使用药物给鱼消毒。鱼种消毒要注意以下几个方面：①消毒药液随用随配，待药物完全溶解后再放入鱼种；②几种药物混合使用时，要各自分开溶解后再混合；③避免使用金属器具，以防有些药物与之发生化学反应；④有些药物有腐蚀性或毒性，要注意人、畜安全；⑤鱼种消毒时要避免日光直射；⑥鱼种消毒时要有人看守，药浴时间随水温升高而缩短，并要根据鱼的忍受程度灵活掌握，发现鱼类缺氧浮头立即采取措施。

## 三、混养

池塘不同品种、同品种不同规格的鱼混养是为了充分发挥池塘水体和鱼种的生产潜力，合理地利用饲料及提高产量的重要措施。而要提高鱼产量，除混养外，还要合理密养，才能获得稳产高产。

（一）混养的优点

1. 充分合理地利用养殖水体与饵料资源

池塘养鱼使用的饵料，既有浮游生物、底栖生物、各种水旱草，还有人工投喂的谷物饲料和各种生物性饵料。这些饵料投入池后，主要为青、草、鲤鱼所摄食，而碎屑及颗粒较小的饵料又可被团头鲂、鲫鱼以及其他多种幼鱼所摄食，而鱼类粪便又可培养大量浮游生物，供鲢、鳙鱼摄食，因此混养池饵料的利用率较高。不同的鱼类，栖息的水层有所不同，鲢、鳙鱼生活在水体的上层，草鱼、团头鲂生活在水体的中下层，而青、鲤、鲫鱼则生活在水体的底层。将这些鱼类混养在一起，能充分利用水体空间，充分发挥池塘养鱼生产潜力。

2. 充分发挥养殖鱼类共生互利的优势

青、草、鲂、鲤鱼等吃剩的残饵和排泄的粪便，可以培养大量浮游生物，使水质变肥。而鲢、鳙鱼则以浮游生物为食，控制水体中浮游生物的数量，改善了水质条件，又可促进青、草、鲂、鲤鱼生长。而鲤、鲫、罗非鱼等不仅可充分利用池中的饵料，而且通过他们的觅食活动，翻动底泥和搅动水层，可起到促进池底有机物的分解和营养盐类的循环作用。

3. 降低成本，增加效益

不同品种鱼、多种规格的鱼同池混养，不仅水体、饵料可以充分利用，而且病害少、产量高，从而降低了养殖成本，增加了经济收入。

### （二）混养的原则

混养首先要正确认识和处理各种鱼相互之间的关系，避害趋利。

1. 青、草、鲤、鲂鱼（俗称吃食鱼）与鲢、鳙鱼（俗称肥水鱼）可以混养

由于吃食鱼与肥水鱼在食性、生活水层上的不同，同池混养时具有相互促进的关系，在不施肥的情况下，每长 1 kg 吃食鱼，可带出 0.5 kg 的肥水鱼。渔谚说“一草养三鲢”就是这个道理。

2. 青鱼与草鱼一般不可混养

青鱼较耐肥水，而草鱼则喜欢清水，故青鱼、草鱼是不能同池混养的。即使混养，草鱼的放养量只能占青鱼放养量的 25%，以充分缓解青鱼、草鱼在水质要求上的矛盾。

3. 鲢鱼与鳙鱼的关系

鲢鱼以浮游植物为饵，鳙鱼以浮游生物为饵。鲢鱼争食性强，大量吞食浮游植物，势必影响浮游生物的生长。因而鲢鱼、鳙鱼同池混养时，鲢、鳙鱼的放养比例一般宜控制在（3 ～ 5）：1。

4. 鲤、鲫、鲂与青、草鱼的关系

青鱼吃螺蛳，草鱼、鲂鱼吃草，鲤鱼、鲫鱼为杂食性的。这些鱼类同池混养，也能起到共生互利的作用。主养青鱼的池塘中，鲤的生物性适口饵料较多，故可多放养鲤鱼；主养草鱼的鱼池因生物性饵料较少，鲤要少放一些，一般每 1 kg 草鱼鱼种可搭配饲养 50 g 左右的鲤 1 尾。放养 1 kg 草鱼种，可搭配 8 ～ 20 g 的团头鲂 20 尾左右。商品饲料投喂充足的鱼池中，上述鲤鱼的放养量可增加 1 倍左右甚至更多。同时可饲养 10 ～ 15 g 的鲫鱼 1 000 余尾。

5. 罗非鱼与鲢、鳙鱼之间的关系

罗非鱼为杂食性的，也能摄食浮游生物和有机碎屑，在食性上与鲢鱼、鳙鱼有一定的矛盾。为解决这一矛盾，生产上常采取以下措施：①罗非鱼与鲢、鳙鱼交叉放养。上半年罗非鱼个体小，尚未大量繁殖，密度稀，对鲢、鳙影响小，必须抓好鲢、鳙的饲养，使它们能在 6 ～ 8 月份达到 0.5 kg 以上，轮捕上市；下半年罗非鱼大量繁殖，个体增大，密度增加，必须着重抓罗非鱼的饲养管理；②控制罗非鱼的密度，将达到上市规格的罗非鱼及时捕出。③控制罗非鱼的繁殖，如采取放养少量凶猛鱼类或单养雄性鱼的方法；④增加投饲、施肥量，保持水质肥沃以缓和食物矛盾。

6. 同种鱼不同放养规格之间的关系

2～3龄的青草鱼，可放占总量的70%～75%，同时搭养20%～25%的2龄以下青草鱼和5%～10%的1龄青草鱼。鲢、鳙鱼同样也可放3种规格的，即每尾250 g、每尾100～150 g和13 cm以上的1龄鱼种，放养比例根据轮捕轮放要求确定。大规格的当年养成商品鱼，中小规格留作下一年的鱼种。

（三）确定主养鱼类和配养鱼类

1. 主养鱼

确定主养鱼类应考虑以下因素：①市场需求。根据当地市场对各种养殖鱼类的需求量、价格和供应时间的要求，为市场提供适销对路的水产品；②饵料、肥料来源。如草类资源丰富的地区可考虑以草鱼为主养鱼；螺、蚬类资源较多则可以考虑以青鱼为主养鱼；精饲料充足的地区，则可根据当地消费习惯，以鲤、鲫或青鱼作为主养鱼；肥料容易解决则可以考虑将鲢、鳙等滤食性鱼类或者罗非鱼等腐屑食性鱼类作为主养鱼；③池塘条件。池塘面积较大，水质肥沃，天然饵料丰富的池塘，可以鲢、鳙作为主养鱼；新建的池塘，水质清瘦，可以草鱼、团头鲂为主养鱼；水较深的池塘可以青鱼、鲤为主养鱼；④鱼种来源。只有鱼种供应充足，且价格适宜，才能作为主要养殖对象。

2. 配养鱼

它们可以充分利用主要养殖鱼类的残饵以及水中天然饵料很好地生长。我国池塘养殖的配养鱼类，一般可达7～8种。其他鱼类作为主养鱼时，鲢、鳙均为主要的配养鱼，仍应占全池总产量的30%～40%。

（四）混养的主要模式

根据混养原则，目前各地形成了多种混养模式。这些混养模式与鱼种、饵料来源、养殖习惯以及市场需求紧密联系在一起。精养鱼塘，一般亩产量都可达500 kg以上。以下几种主要混养模式仅供参考。

1. 草鱼为主的混养模式

该模式以饲养草鱼为主，草鱼种通常放养3种规格，出池时草鱼产量要占总产量的35%。该模式适宜水草资源比较丰富，或饲料地较多，可以种植大量饲草的地方采用。

2. 团头鲂为主的混养模式

团头鲂生长快，产量高，肉质好，很受消费者欢迎，目前市场上的需求量较大。该模式既适宜水旱草饵料资源比较丰富的地方，又适应使用团头鲂的配合饵料来源较方便的地区，因而该模式有着较大的发展前景。

3. 异育银鲫为主的混养模式

异育银鲫为优质淡水鱼类，饲养容易，饵料易解决，养殖产量高，鱼肉品质好，是目前水产品市场上最热销的品种之一，需求量很大。

4. 鲢、鳙鱼为主的混养模式

目前在全国各地仍然是一种主要的养殖形式，特别是城郊养鱼大多采用这种模式。该模式主要以施肥为主，还可和畜牧业结合起来，发展为鱼猪结合、鱼禽结合、鱼猪奶牛结合等多种生态养鱼模式，本模式成本低，经济效益好，生态效益也好，是今后池塘养鱼的重要模式之一。

以上介绍的四种混养模式，是目前比较普遍的养殖混养模式。在生产实践中，要根据鱼池、气候条件、鱼种、饵料来源、饲养管理水平和养殖习惯来选择，也要根据市场需求与变化，不断加以调整与完善，使养殖模式更加科学合理。在混养模式养殖中还应注意主体鱼早放养，避免主体鱼和搭配鱼在饵料上竞争。

主体鱼放养 10 ～ 15 天后套养搭配鱼品种，苗种池塘一般不套养竞争性鱼类和肉食性鱼类。

## 四、投饵施肥

### （一）合理投饵

投喂的饵料，既要做到质优量足，又要讲究科学的投饵方法，从而提高饵料的利用效率，降低生产成本。

1. 投饵量

包括全年的投饵量、分月投饵量计划以及日投饵量等。

（1）全年投饵量的确定

可根据实际鱼种的放养量和规格，估算全年产鱼量。然后根据计划产鱼量和各种鱼的饵料系数，推算出全年需要投喂的饵料总量。

（2）制订分月投饵量计划

在整个饲养期内，鱼类的新陈代谢和摄食水平的不同，因而各月的投饵量也是不同的。为此，要根据放养鱼的种类、数量和规格，以及各月鱼的生长速度，计划每月的投饵量。

（3）日投饵量

日投饵量主要根据各类鱼在池体重决定，依据每天的天气、水色变化以及鱼的吃食活动情况加以调整。通常谷物饲料的日投饵量可按在池鱼体重的 3% ～ 5%，配合饲料按 1% ～ 3% 来安排，而水旱草的日投喂量可按在池鱼体重的 15% ～ 20% 来投喂，从而保证各类鱼吃饱吃完。

2. 投饵方法

坚持“四定”投饵原则。饵料的投喂要做到匀、足、好。匀就是投喂的饵料量要均匀，不能忽多忽少。足就是投喂的饵料量要充分满足鱼生长的需要。好就是投喂的饵料质量要好，营养全面，新鲜适口。

（二）施肥

施肥是为了补充池水中的氮、磷、钾等营养盐类，以繁衍浮游生物、附生藻类和底栖动物，并向池水中提供腐屑，培养细菌，以供鱼类摄食。

1. 肥料种类

（1）有机肥

营养元素较全面，除含氮、磷、钾外，还含有其他多种元素，故肥料效果好，但施放后分解慢，肥效较持久，故又称迟效肥料。常用的有机肥料有鸡粪、猪粪、人粪、牛粪、鸭粪及羊粪等。

（2）无机肥

由于施肥后肥效快，又称速效肥料。施无机肥料主要是为了补充浮游植物等藻类所需的营养盐类，在养鱼生产中常作追肥用。常用的有硫酸铵（含氮 21%）、碳酸氢铵（含 N17%）、尿素（含 N46%）、过磷酸钙（含 $P_2O_5$ 12% ～ 18%）、磷酸二铵（含 N16%、含 $P_2O_5$ 16%）等。

（3）生物肥

生物肥营养丰富，肥水迅速，肥效持久稳定，能增加水体溶氧量，改善水质，提高鱼体的免疫力，增强抗病力，还作为杂食性鱼类（鲤、鲫）一部分饵料，是实行健康高产、高效养殖的理想肥料

2. 施肥的方法

施肥分施基肥和追肥 2 种。

（1）施基肥

新建的池塘及池底少或无淤泥的池塘，这种池塘水质较瘦，为改善池水情况，培肥水质，使池水中含有较多的氮、磷、钾等营养物质，以繁殖天然饵料生物，必须施放基肥。基肥应早施，在秋季清整过的池塘，注水后进行。其方法是将肥料分几堆堆放在池塘中的向阳浅水处，以池水刚好没过为宜，隔几天翻动 1 次，使其营养物质逐渐分解释放出来，培肥水质。施肥量应视其养殖品种、池水肥瘦、肥料的种类而定，一般每亩施有机肥 250 ～ 350 kg，肥水池塘和多年养鱼池塘，池塘淤泥多，一般少施或不施基肥。

（2）施追肥

为了不断补充池水中的营养物质，使天然生物饵料繁盛不衰，需施追肥。

春季冰雪消融后（3 月中下旬），开始施追肥，因为这时水温低，有机肥分解缓慢，所以采取施追肥的方法。施肥量可大些，其施肥量多少，视主养鱼类不同，池塘水体的基础条件不同，肥料种类不同，施肥量也不相同。如主养鲢、鳙鱼的池塘，亩施肥 750 kg，使池水在 4 ～ 5 月份也能处于“肥、嫩、活、爽”的状态，对提高鲢、鳙鱼产量意义十分重大。4 月份以后，施肥应掌握少施勤施的原则，一次施肥量不宜过多（尤其是 7、8 月份），以防止池水溶氧量急剧下降而影响鱼类的生长。池水过瘦可通过追肥提高池水的肥度，过肥则可通过注水来减低池水的肥度。

七八月份正值炎热多雨季节，气温高，气压低，投饲量大，池水日趋老化，池塘载鱼量大，有机物分解快，气候多变。因此，精养池塘可减少施肥量，而适当补充磷肥，以保持池水水质良好。

## 五、水质调控

鱼池水体生态环境直接关系到鱼类的生存、摄食与生长，因此必须搞好鱼池水质的调控与管理，特别是高密度混放的池塘。

### （一）水质管理

抓好水质管理工作，就是要保持池水的“肥、嫩、活、爽”。

“肥”指水色浓，浮游植物多，并形成强烈的水华，这样的池水透明度在 20 ～ 30 cm，浮游植物生物量为 50 ～ 100 mg/L。

“嫩”指水肥但不老。一般呈褐绿、草绿、红褐色，水不浑浊，水面少油膜等杂质，这种水色多是甲藻、绿藻所形成的水华。

“活”指水色和透明度常有变化，同一池塘上午水色淡，中午和下午色深，即所谓“早青晚绿”。上、下午或上风处与下风处的透明度可相差 5 ～ 10 cm，这是因为池水中的隐藻、裸甲藻等鞭毛藻类大量繁殖的结果，这些鞭毛藻类有明显的趋光性，白天常随光照强度的变化而垂直或水平游动，清晨上下层分布均匀，日出后，逐渐向表层集中，下午两三点钟大部分集中于表层，日落后又逐渐下沉分散所造成的。

“活”表明藻类种群处在不断利用和增长的状态。

“爽”指水清爽。水色不浓，透明度适中，为 20 ～ 35 cm，浮游植物量一般在 100 mg/L 以内。100 mg/L 大致是鞭毛藻类塘肥水和老水的界限。但蓝藻塘的肥水常常超过 200 mg/L。

概括起来最适浮游生物指标：浮游植物生物量为 50 ～ 100 mg/L；隐藻等鞭毛藻类较多，蓝藻较少；藻类种群处于增长期，细胞未老化；浮游生物以外的其他悬浮物不多。

“老水”指水色浓而不活，透明度低于 20 cm，一般呈黄绿、灰绿、蓝绿、黄褐色，水质老化。一是水色发黄（枯黄），这是藻类细胞老化的现象。当藻类密度过大时，由于氮、磷、碳或某些其他营养元素不足而停止繁殖，代谢作用减弱，藻类叶绿素含量减少，而胡萝卜素增多，使水色发黄或黄褐色（老茶水）。二是水色发白，是二氧化碳缺乏而碳酸氢盐不断形成碳酸盐粉末的现象。

“转水”又称扫帚水，水色深，是在肥水的基础上进一步发展形成。浮游生物数量多，池水往往呈蓝绿色或绿色带状或云块状水华。大多是蓝绿色的裸甲藻，并有较多的隐藻。裸甲藻喜光集群，因而形成水华，池水透明度一般在 20 ～ 30 cm 之间。当藻类过度繁殖，遇到不正常的天气，容易大量死亡，使水质突变，水色发黑，继续恶化转为臭清水。这时池水溶氧量大量消耗，往往引起鱼类窒息而大批死亡。因此，应及时加注新水或开增氧机增氧，防止水质恶化，或泼撒漂白粉，第二天泼洒生石灰，每亩用量为 25 kg，化浆泼洒。加注新水，再补充有机肥，可使池水逐渐转好。

水产养殖池塘水质管理工作应抓好以下措施 ：

（1）保证池水溶氧充足

通过追施肥料，培肥水质，控制池水适宜肥度，以利生物增氧。

（2）控制池水透明度

通过施肥及排、注水控制池水透明度。主养鲢、鳙（主要搭配鲤鱼）池塘，池水透明度为 20 ～ 25 cm ；主养鲢、鳙（主要搭配草鱼）池塘，池水透明度为 25 ～ 35 cm。低于 20 cm，加水冲淡池水肥度 ；大于 35 cm，施肥提高池水肥度，加速鱼的生长。

（3）控制池水呈弱碱性

在饲养期间，经常测试水的酸碱度，不断调节，使其适应鱼类生活和生长。在酸性环境中，细菌、藻类和浮游动物受到影响，硝化过程被抑制，有机物分解速率降低，物质循环活动减弱，光合作用不强。酸性水使鱼类血液中的 pH 值下降，降低其载氧能力，使血液中的氧分压变小，尽管水中含氧量较高，鱼仍浮头。

（4）及时加注新水

高温季节采用经常注入地下水或河水，控制池水水温在 26℃～ 28℃，促进鱼类生长。经常注水，增加水深，扩大鱼类活动空间，稳定水质。增加水中溶氧，加速池水对流，增加透明度，使光透入水中的深度增加，浮游植物光合作用水层深度增大，促进可消化藻类的繁殖。注水应选择晴天下午 2 点以前进行，傍晚禁止注水，以免池水提前对流，引起鱼类浮头。

（5）控制池水深度

秋放鱼种时，池水深 90 ～ 100 cm，越冬期 250 cm，翌年 3 月 90 ～ 100 cm，4 ～ 5 月份 120 ～ 150 cm，6 ～ 9 月 200 ～ 250 cm。春季池水浅，加快池水升温，促进浮游生物繁殖，培肥水质，有利于鲢、鳙生长。

## （二）养殖鱼类的浮头预测和解救

夏秋高温季节，养殖鱼类常会因缺氧而出现浮头。严重浮头说明水中严重缺氧，可能会引发大批养殖鱼类死亡。

1. 导致养殖鱼类浮头的原因

大雾、闷热、气压低、连续阴雨天气，特别是傍晚或上半夜有雷阵雨时，要格外当心养殖鱼浮头的发生；水色很浓，透明度在 20 cm 左右，特别是水面出现云块状或条纹状“水华”（“水华”是浮游植物大量繁殖形成的），大量浮游植物突然死亡，有可能引发水质突变，造成养殖鱼浮头。鱼的摄食减少、活动有异常情况时，如果不是鱼病原因，也要考虑浮头发生的可能。施用药物后，由于药物的直接或间接作用，也会造成鱼类浮头。对于上述种种引发养殖鱼浮头的原因，都要认真分析，仔细观察，及时采取解救对策。

2. 轻重浮头的观察

在异常天气时，要加强巡塘，尤其是在下半夜要加强观察。平常可在投喂饵料时巡塘，通常轻浮头是正常的，要特别注意鱼类的初次浮头和暗浮头，发现暗浮头时要立即注水。对于不正常的浮头，一经发现就要立即注水或开动增氧机。如注水后，养殖鱼仍不下沉，就要采取急救措施，尽量减少浮头鱼的死亡。

## （三）合理使用增氧机

1. 增氧机的作用

增氧机具有增氧、搅水和曝气三方面的作用

（1）增氧

增氧机的增氧效果与池水溶氧的饱和度成反比，即水中溶氧越高，增氧机的增氧效果越差。因此，在夜间或清晨池水溶氧低时开机效果好。增氧效果还与功率及负荷水面大小有关，亩配增氧机功率大，负荷面积小，增氧效果显著。据测定，叶轮式增氧机每千瓦小时能向水中增氧 1.5 kg 左右，增氧机增氧效果与功率及负荷大小呈正比。

（2）搅水

叶轮增氧机的搅水性能良好，能向上提水和向四周辐射水流，因而能造成整个池水循环。晴天中午表、底层水溶氧往往过饱和，这时开机使水中溶氧趋于均匀分布及底层水上浮产生对流，充分发挥增氧机搅水作用。

（3）曝气

增氧机的曝气作用能使池水的溶解气体逸出，其逸出的速度与该气体在水中的浓度呈正比关系。因此，夜间或清晨开机能加速水中有毒气体，如硫化氢、氨等的逸散。中午开机也能加速表层水中溶氧的逸出速度，但由于其搅水作用强，溶氧逸出的量相对不高，大部分溶氧，通过增氧机搅水作用扩散至底层水中。

2. 合理使用增氧机

合理使用增氧机的原则是：晴天中午开，阴天清晨开，连绵阴雨半夜开，傍晚不开，浮头早开，轮捕后及时开，鱼类主要生长季节（6—9 月）天天开。半夜开机时间长，中午开机时间短；施肥、天气闷热、面积大或负荷大，开机时间长；不施肥、天气凉爽、面积小或负荷小开机时间短。

## 六、日常管理

### （一）坚持早中晚巡塘

每天早中晚三次巡塘。日出前主要观察养殖鱼是否有浮头；白天主要检测水质，观察鱼的吃食活动情况，开增氧机等；傍晚时根据天气变化，做好各项应急准备工作。

### （二）保持池塘环境清洁

每天投饵前，要清理打扫食场，清除残饵，捞除草脚及水面漂浮物。每 10 ～ 15 天用生石灰浆等药物对食场消毒 1 次。每 15 ～ 20 天，每亩鱼池用生石灰 10 ～ 15 kg 溶水后全池泼洒，既改善鱼池环境，又消灭病害。池边的杂草要及时割除，保持池塘环境清洁。

### （三）做好鱼病预防

要坚持实施预防为主、防治结合的方针，抓好鱼病的预防。平时投喂的饵料质量好，无腐烂变质。强化水质管理，始终保持水质处于“肥、活、嫩、爽”状态。注意鱼摄食情况，同时每半个月抽样检查鱼体 1 次，如发现有鱼病征兆，应及时治疗。病鱼死鱼要及时清理，不要乱扔，发现水蛇、水老鼠等敌害，也要及时捕捉。

### （四）做好档案记录

及时做好池塘管理记录，也是池塘养鱼日常管理的一项重要内容。记录的内容包括日期、天气、气温、水温、水色、透明度、施肥投饵、排水、注水、增氧、鱼的活动情况、摄食情况、生长情况、病原检查、鱼病用药、捕

捞和套养鱼的品种、规格、数量及其他事项。

## 第三节 大水面生态养殖

湖泊等大水面的养殖模式是粗放型的，依靠天然饵料生产水产品，其单位鱼产量较低，但发展潜力很大。因此，充分提高大水面渔业的生产潜力，合理开发、利用大水面的自然资源，大力发展大水面的渔业生产具有重要意义。

### 一、选择养殖对象

在生态系统中，能量每经过一次转化，就要损耗大部分，传递到下一能量级中只有 10% 左右。因此，选择利用初级产品的鱼类作为养殖对象，是一项重要的增产增收措施。在我国渔业生产中，鲢、鳙、草鱼、鲂鱼因其食物链短，能量转化率高而成为大水面的主要放养品种。

由于大水面自身的因素，浮游生物和生物腐屑量很大。所以，以此为主要饵料的鲢、鳙鱼成为大水面主要放养对象。只有浅水型湖泊和水库，水生植物生长繁茂时，才开始以草鱼为主放养。但草鱼食量很大，而水生高等植物的周转率又不高，一旦草鱼把水草吃光后，水将变浑，影响浮游生物繁殖。因此，许多草型湖泊也采用团头鲂、河蟹替代草鱼作为利用水草资源的养殖品种，取得了较佳的效果。

### 二、合理放养，提高效益

由于花白鲢等鱼类繁殖的特殊性，而湖泊、水库等大水面一般不具备供其产卵、孵化所必需的环境条件，因此必须进行人工补放以补充因自然死亡和捕捞而造成的鱼类资源减少。在放养名优水产品如河蟹时，由于河蟹自身的生理特性，不能在淡水中繁殖，为了确保资源利用的连续性，必须每年进行人工放养。

在放养时，必须遵循“合理放养”的原则，一方面放养量尽可能大，规格尽可能整齐，确保放养品种成活率高，既保证大水面有足够的鱼类资源和合适的鱼载量，又不至于因放养过密而影响饵料生物资源的再生能力，即维持正常的生态平衡。鱼种放养量取决于对水体的产鱼潜力的正确评估，可根据对大水面浮游生物现存量的测定，推算出水体的供饵能力，从而确定放养量指标。另一方面在大水面中通常采用大规格鱼种。大规格鱼种可以逃避一般掠食性鱼类的捕食，而且常规的拦鱼设备对之有效，有利于提高存活率；另外，大规格鱼种养殖周期短，起捕上市快，加速资金的周转，有利于渔业的再生产。

### 三、控制野杂鱼，发挥水体生产潜力

在自然种群为主的大水面中，野鱼可以起到维持生态平衡的作用，而且野鱼有一定的经济价值，但其一般都处于食物链的最末环节，能量转化次数较多，能量消耗也较多。因此，在以人工放养鱼类为主的大水体中，为了使放养鱼类的自然死亡率降低到最低限度，控制能量损耗，对野鱼的数量应加以控制。

### 四、合理捕捞，保持大水面中最佳的鱼类种群结构

从渔业生态上说，水体中的经济鱼类种群要保持一定的密度和鱼载量，才能充分利用水体中各种饵料资源，又不影响饵料生物的再生产能力；从渔业经济上来说，在每个养殖周期结束时，尽可能获取较多的符合商品规格的鱼产品。因此，捕捞是渔业生产中的一个重要环节，通过捕大留小，合理捕捞，合理放养，才能保证较高的鱼产量和经济效益。

## 第四节　综合养鱼模式管理

综合养鱼是以水体为中心，在养殖水体及周边一定范围内的土地上，利用传统技术的精华和现代技术的成就，建立以渔业为主，将渔业、种植、畜牧、林果、工商副业紧密结合起来的一种复合生产体系。可以说综合养鱼，既是对一个水域的综合开发，又具有区域开发的意义，形成了能更充分地利用水陆资源，获得更高的生态效益和社会效益的农业生态系统。

综合养鱼生产结构种类很多，一般可按以下几个原则来安排生产：一是食物链之间的关系；二是生产季节和生产周期；三是立体利用水陆空间；四是突破薄弱环节。根据这几个原则，综合养鱼一般可分为鱼—农型、鱼—畜/禽型、鱼—畜—农型、基塘体系型（如桑基鱼塘）、多层综合性利用型和鱼—工—商等六大类。

### 一、鱼—农型

主要有鱼与陆生饲草（或菜）、鱼与陆生作物、鱼与水生植物、鱼与蔗、鱼与果、鱼与花综合经营等。其中以鱼与陆生饲草（或菜）综合经营最为普遍，即利用鱼池堤面、斜坡和零星土地或再另辟饲料地，种植高产饲草或菜类，也可种部分绿肥草，作为鱼的饵料和鱼池肥料；以塘泥作为饲草或菜地的肥料，充分利用系统内部物质资源，改善养鱼生态环境，以达到良性循环。

新开池经过数年养鱼后，池底积累一定厚度的淤泥，含有丰富的营养成分。把池塘养鱼与种植结合起来，塘泥为饲草地或菜地提供了肥料，既生产了鱼饲料，又去掉了池塘过多的淤泥，改善了养鱼的生态条件。

（一）利用堤面、池坡和饲料地种植草（菜）

目前建设商品鱼基地或综合养鱼场，一般加宽堤面，加大池塘面积，或再增辟部分饲料地，每亩池塘净水面平均有 0.3 ～ 0.5 亩饲料（草）地。高产青饲料有：宿根黑麦草、苏丹草、苦卖菜、象草；菜类有：青菜、卷心菜等；绿肥有蚕豆植株等。全年亩产青饲料 1.2 ～ 1.5 万 kg，饵料系数以 25 ～ 30 LS，则每半亩饲料地的青饲料约可养草食性鱼类草鱼、团头鲂 200 ～ 300 kg，加上这些鱼类的粪便肥水增产的鲢、鳙鱼和带养少量鲤、鲫等杂食性鱼类，共可产鱼 300 ～ 400 kg。若将种草（菜）地（池坡不计）和鱼池面积加在一起计算，则平均每亩可产鱼 210 ～ 280 kg。

（二）养鱼和水生植物栽培综合

可以在渔场傍邻沟汊种植水葫芦（凤眼莲）、水浮莲、水花生（喜旱莲子草）、紫背浮萍，浮萍等植物，它们是目前青饲料种植中产量最高的作物，平均亩产可达 1 500 kg，最高能到 2 500 kg。水葫芦有“水中植物之王”美称，按面积计算，水葫芦生产的蛋白质比大豆高 6 ～ 10 倍，而且容易管理，成本低。

综合渔场一般通过两个途径利用水生植物：

一是直接用来养鱼，将水生植物打浆，滤除叶渣，全池泼洒，用来培养鱼苗，用这种方法鱼苗成活率高，鱼苗生长速度快，比用黄豆节省经费。一般培养万尾夏花需 5 kg 黄豆，用水生植物代替，需 85 ～ 125 kg。但黄豆成本比水生植物高 13 ～ 18 倍，而且黄豆本身还可以有更高的应用价值。

用水生植物饲养成鱼，以草鱼为主，将水生植物粉碎后投喂，约 45 kg 可产鱼 1 kg。每亩水生植物可喂鱼 500 kg 左右，而糠麸最少需 1600 kg，水生植物的成本只是糠麸的 10% 左右。水生植物喂鱼必须粉碎加工，因为它们含氮、磷、钾较高，因此水生植物打浆还可以起到施肥作用。

二是用水生植物养畜禽，再用畜禽粪养鱼。水生植物稍经加工就可以喂猪、鸭。900 ～ 1 000 kg 水生植物配少量糠麸，就可以养一头 60 ～ 70 kg 的肉猪，每头猪的粪便可产鱼约 40 kg。每只鸭日喂水葫芦 150 克加少量麸，每只鸭养成比用精饲料节省 2 元，平均每只鸭全年产粪 52 kg，可产鱼 3 kg。这样水生植物通过两个食物链形成鱼产量。

## 二、鱼—牧综合经营型

### （一）鱼、鸭综合经营

鸭既能在陆地生活，也能在水面栖息，这种综合方式就是利用鱼和鸭之间互利的生物学关系。这种方式不仅有利于鸭子的育肥，同时池塘增加了鸭粪，也相应提高了鱼产量，其经济效益应是显而易见的。

从生物学观点来看，鱼池是一个半生物学单位。鱼池中的各种生物，一部分为鱼摄食利用，一部分不能利用或是鱼的敌害，如果在鱼池中养鸭，就可以充分利用池塘中的饵料生物。鸭能摄食池塘中的青蛙、蝌蚪、蜻蜓幼虫，而这些水生生物蛋白质含量高，这样就可以减少养鸭饲料 2% ～ 3%。由于鱼池环境宽敞，对鸭生长有利，可减少鸭病发生。

鸭粪是池塘的好肥料，水面养鸭，鸭粪直接落入鱼池，肥效没有散失，而且鸭粪的营养成分是人粪的 3 ～ 5 倍，肥效很高。另外，鸭在水面“施肥”比较均匀，不会像人为施肥那样，造成鱼池里的堆积。

鱼鸭混养除了增加养鱼肥料以外，对养鱼还有很多好处：首先可将养鸭时溅洒在地上的饲料，扫入鱼池，变废为宝，成为鱼的精饲料，相应增加鱼产量；其次，鸭子通常栖息水面，但在浅水处会把头扎入水底，翻动淤泥寻找食物，这样促进了沉积在水底有机营养物的扩散，有利于池塘营养物质再循环，促进池塘生态平衡。据测定鱼鸭混养，鸭的成长率、饲料效率及活力，还有羽毛和皮的清洁度都优于陆地养鸭。

鱼鸭混养，池塘中放养的鱼苗要大于 5 g，太小游泳能力弱，有可能为鸭所食，所以鱼苗池、1 龄鱼种池是不宜养鸭的。

鱼鸭混养，有两种形式：一种叫池外养鸭，另一种叫鱼鸭混养。

1. 池外养鸭

一般在池塘附近建设较大规模的鸭棚，平均每平方米大致容纳 4 只鸭。鸭棚外界设有运动场和运动池。每天把运动场鸭粪和泼溅饲料扫入运动池。场、池每天冲洗，然后把肥水定期输送到鱼池。这种方法便于集中管理鸭群，但体现不了鱼鸭共生的互利作用，所以鸭粪的肥效及直接的饲料价值多少有些散失。

2. 鱼鸭混养

这种方法最常见的，在成鱼池或 2 龄鱼池的池埂上建筑鸭舍，周围部分埂面和池埂作运动场，再用网片围一部分鱼池或池角作运动池。为节约网片，水面上下各 40 ～ 50 cm。这样鱼群可以从网底进入运动池觅食，而鸭群也不会从网底外逃。养鸭密度，鸭棚和运动场每平方米约容 4.5 只鸭，运动池每平

方米 3 ～ 4 只鸭。

鱼鸭混养是目前鱼禽综合经营系统中最佳模式。据测定，每亩鱼池放养 122 ～ 128 只蛋鸭，其粪便可排放 2 000 kg，鱼产量可提高 17% ～ 32%。由于鱼鸭共生互利，所以鱼猪、鱼鸡、鱼牛综合效果，都不如鱼鸭混养来得好。人们还可以把这种方式纵向发展，利用天然水面种植高产水生植物，以解决鸭鱼青饲料，利用综合渔场和城镇生活废弃物培养蚯蚓，来满足鸭的动物饲料，还可以对鱼、鸭、蛋品进行加工，这样其综合效益将大大提高。

（二）鱼、猪综合经营

养鱼和养猪相结合，是我国传统的综合养鱼方法。因为猪肉是我国大多数居民必不可少的副食品，农村养猪十分普遍，所以鱼猪联合经营也是容易推广的一种综合养鱼方法。

猪粪所含氮、磷、钾等营养比较全面，是养鱼的优质有机肥料。喂猪大多利用食堂泔水、水生植物和农副产品的废弃物。猪的粪便拿来养鱼，这样可以同时提高两种养殖业的经济效益。既保持了环境卫生，又使有机物产生良性循环。

鱼、猪综合养殖场的猪舍常见的有两种：一种是猪舍建在池埂上或架在水面上，另一种是集中猪舍。如果以后一种为好，先把猪粪便集中进集肥池或沉淀池，待发酵腐熟后再根据需要适时施用。

利用猪粪养鱼，特别要注意二个问题：一是池塘缺氧，二是水质太瘦。必须随时注意水质测定；另外应该把养猪周期与养鱼周期配合起来综合考虑。肉猪一年约养 2 圈，每圈饲养期 6 ～ 7 个月。池塘施肥的 60% 用于上半年，施肥期的高峰在春季基肥和 6 ～ 7 月的追肥，一般 10 月下旬就不再施肥了。所以 2 圈饲养期的安排分别为：3 月中旬至 8 月中旬及 7 月中旬至来年的 3 月左右。这样第一圈猪的体重已达高峰，排粪量最集中，正好满足池塘的需要。下一轮的猪粪可为下个养殖周期准备基肥。

（三）鱼、牛综合经营

用牛粪养鱼，在我国历史悠久。随着奶牛饲养业的发展，这类综合经营已经变得很普遍。牛场养鱼，可做到“头牛千斤鱼”，而且牛粪就地处理，省工、省钱、省能源，有利于环境卫生。开展鱼牛综合经营，既可致富，又为市场提供鱼、奶。

奶牛排粪量是家畜中最多、最稳定的。一头 450 kg 重的奶牛，年产粪 13 600 kg、尿 9 000 多 kg。虽然牛粪的养分略低于猪，但牛粪在水中悬浮时间长，加上牛粪在牛体微生物作用下已充分分解，施入水中耗氧量较猪、鸡、鸭粪要低，所以无论是作肥料还是作鱼饲料都是好的。

鱼牛综合经营，鱼、奶、犊均有收入，在不增加投入的情况下，降低养殖成本 50% 左右。鱼、牛综合经营一次性投入比较大，购置一头奶牛及配套房屋平均 2 500 元左右，但百元纯利润占固定资金 300 多元，利润率较高。按纯利润和节约养鱼开支计算，投资回收期不到 3 年。

## 三、鱼—牧—农综合经营型

鱼、牧、农综合经营是把渔、农和渔、牧综合经营的二元结构进一步结合起来，组成三元结构的形式，使系统内的物质循环和能量流动更趋完善和合理，水，陆资源得到充分的利用。

鱼、猪、草（菜）综合经营这是我国综合养鱼较普遍的形式。鱼、猪、菜综合经营在湖南衡阳早已采用，生产的蔬菜主要供应市场，以废弃菜叶喂猪、鱼，猪粪作菜地的肥料，部分施于池塘，并利用塘泥作菜地的肥料。这样既节约了种菜的肥料和猪、鱼的饲料，又改善了池塘生态条件。

鱼、猪、草（菜）综合经营，全部或大部分猪粪加上塘泥作饲草地的肥料，以所产的草作为饵料主养草鱼和团头鲂。鱼粪便肥水，带动鲢、鳙等的增产，因此草类被双重利用，既生产了食草性鱼，又产生了滤、杂食性鱼，比鱼、猪综合，猪粪全部下塘主养鲢、鳙产量要高，经济效益要好。

陆草的单产比浮游植物高。每亩饲草（黑麦草和苏丹草）地年产草 1.5 万 kg，鱼的饵料系数为 25 ～ 30 LS，可产草鱼、团头鲂 556 kg，带出鲢、鳙等约 200 kg，共 756 kg。用供一亩草地用的猪粪便直接下塘养鱼，可年产鱼 336 kg。猪粪便种草养鱼比直接下塘养鱼可多产鱼 420 kg。若将草地和鱼池面积加在一起。净增产 12.5%。

## 四、鱼—工—商型

经前述各类型为基础，向鱼、畜、禽生产的纵向投入端和产生端发展，在投入端增加饲料加工业，在产出端增加鱼、畜、禽产品加工、销售。如无锡某公司，该场种植牧草和水葫芦，饲养猪、牛、鸭和蚯蚓，为养鱼提供饲料。同时在投入端增加蚕蛹加工和精、青饲料加工，在产出端增加皮蛋加工、鸭屠宰，加工鸭肥肝，加工的部分废弃物又用于养鱼。各种产品经自办商业、旅游业和外贸投入国内外市场。这种综合利用向深度发展，例如鱼、畜、禽产品加工，既保证其产品质量，又利用了加工废弃物。每只鸭或每公斤鱼宰杀后，仅废弃内脏至少有 150 g 可作鱼或畜禽饲料。这不但增加产品品种，而且环环增值，增加收入。

# 第四章 牛羊生态养殖

## 第一节 牛羊生产与生态环境

### 一、肉牛养殖、养殖小区选址及建设

（一）建设原则

养殖场、养殖小区建设坚持人畜分离、因地制宜、科学规划、合理布局、节约用地、保护耕地、突出重点、稳步推进的原则；坚持农牧结合、生态养殖，既要充分考虑饲草料供给、运输问题，又要注重公共卫生的原则。

（二）建设要求

1. 选址条件

符合当地养殖业规划布局的总体要求和城乡发展规划，建设永久性养殖场、养殖小区不得占用基本农田，应尽可能充分利用空闲地和未利用土地。选址时要场地空旷、阳光充足、地势平坦、干燥、地下水位在两米以下、有充足水源（自来水或井水）、水质良好、交通便利、供电稳定、无污染、无疫源的地方，处于村庄常年主导风向的下风向。要距村庄和其他养殖场 300 m 以上。距屠宰厂、畜产品加工厂、畜禽交易市场、垃圾及污水处理场所、水源保护地 1 000 m 以上。

2. 建设布局

肉牛养殖场、养殖小区建设规划布局要科学合理、整齐紧凑，既有利于生产管理，又便于动物防疫。肉牛养殖场、养殖小区分管理区、生产区、废弃物处理区（沼气池及晒粪场）三部分。管理区、生产区处于上风向，废弃物处理区处于下风向。管理区包括办公室、工人宿舍、消毒室、消毒池、技术服务室。生产区包括肉牛圈舍、兽医室、隔离观察室、饲草料加工房和饲养员值班室等。生产区应与管理区分别管理，距离在 30 m 以上，并在出入生

产区的门口建消毒池和消毒室。

（三）肉牛舍施工

圈舍走向坐北朝南、东西走向，一般应偏东 10° 为好，便于延长采光时间，以达到提高圈内温度的目的。圈舍构造大致相同，都是由基础、前沿墙、后墙、山墙、畜床、出入口、地窗、天窗、屋面、棚面、间柱、中梁等构成。根据肉牛养殖场或养殖小区的设计规模及地形来确定圈舍的大小，一般圈舍宽度为 6 m，长度在 25 m 左右为宜。

施工时应根据肉牛养殖场和养殖小区的年生产规模来进行圈舍的建造，圈舍之间的距离应在 5 m 以上。

基础：基础是指墙壁没入土层的部分，是墙的延续和支撑，要求具备坚固耐久、抗机械能力及防潮、抗震、抗冻能力。依据圈舍的长宽尺寸划好线后进行施工，基础深度一般比冻土层深 50 ～ 60 cm，宽度为墙厚度的两倍。采用 3：7 的石灰（粉碎过筛）细土混合，充分拌匀后倒入基础槽内，夯实，厚度为 15 cm，为了加固，最好做双层。

水泥砖石基础墙：为了扩大受压面积，减少基础单位面积的承压力，在灰土上部埋入地下的水泥砖石基础墙，可采用阶梯形的砌筑方法，其厚度由下而上，逐步递减。砌筑时基础墙部分应采用标号较高的水泥，以增强其耐压强度。

墙：墙是圈舍建筑的主要结构，因此墙壁要求坚固耐久、厚度适宜且严密无缝；能保湿防潮、耐水、抗冻、抗震、防火；结构简单、造价尽可能低。一般采用普通长砖（240 mm×120 mm×56 mm）水泥砂浆砌筑，并用 1：1 或 1：2 水泥细砂浆勾缝。后墙、山墙的厚度为二四墙（一砖墙厚）或三七墙（一砖半墙厚）；前沿墙为二四墙或十二墙（半砖墙厚）；后墙高度为 2.1 m，山墙最高处（以后墙中心线 44 m 处）为 2.8 m，后面高度与后墙都为 2.1 m，前半部为圆弧形，高度与前沿墙一致，前沿墙高度为 1.2 m。

圈舍：圈舍宽度为 6 m（以前后墙中心线为准），长度根据生产规模和场地大小确定，一般以每头牛位 1.2 m 计算其长度，每圈在 20 ～ 25 头牛。

畜床：畜床用 3：7 或 2：8 的灰土铺 10 cm 左右厚度，将其夯实，然后铺设混凝土床面，并在距后墙 30 cm 处留有排粪沟，前高后底，有 5° 左右向内坡度，要求畜床高于外面，利于排水。

食槽：食槽的位置距前墙 2 m 确定中心线，槽宽 80 cm，前沿高 60 cm，后沿高 80 cm，深度为 35 cm，底为圆形底，用水泥抹光。饲喂通道的宽度以食槽和前沿墙之间的距离为准，大约为 1.6 m。

间柱：间柱位置在食槽中心线向外 40 cm 处即食槽的后沿，也就是距前沿墙的 1.6 m 处。由于间柱又作为栓畜柱，应选用钢管为宜。间柱的基础为水泥基础，由地面下挖 65 cm 深、40 cm 见方的坑，用基石或水泥浇筑，以固定间柱并防止下沉。

后坡屋面：后坡屋面在立屋架时根据设计要求，确定脊柱（间柱）的位置，一般间距为 4 ～ 5 m。并在后墙相对应的位置顶部，留一深度与梁直径相同的槽，以固定横梁。同时确立脊柱水平线，方法是在东西山墙的脊点之间挂线，按照脊柱高度加上横梁直径确定脊柱水平，之后进行脊柱预埋，总高度为 2.8 m，按要求加上横梁，调整好高度和前后位置即可固定，架设屋面。屋面为后斜坡式，在梁上打好木椽后，在木椽上先铺好竹帘，再铺 5 ～ 10 cm 厚麦草保温，然后抹一层 10 cm 厚的草泥，上铺油毡或瓦，或者直接用彩钢做屋面，并形成前高后低的半坡式屋顶。

前坡施工：前坡为暖棚采光面，呈拱棚，选择不同规格不同材质来建造前骨架，拱杆间距为 60 ～ 80 cm，上端固定在脊梁上，下端固定在前沿墙或前沿墙的枕木上。

门：门一般为木质门或金属门，应安全、牢固，向外开，以方便生产为宜。牛出入门规格为 1.2 m×2.0 m，位置在山墙或后墙，人出入门为 1 m×2 m，位置在山墙前部饲喂通道处，门的宽度可根据具体情况灵活掌握。

进气窗（地窗）位置在距地面 10 ～ 15 cm 的前沿墙上或后墙上，规格为 30 cm×40 cm；排气窗（天窗）位置在屋顶或两面山墙上部，规格为 30 cm×50 cm；在屋顶的可以加防风帽或百叶窗，但最主要的还是要根据实际情况来确定，以实用方便为宜。

### （四）青贮窖

根据生产规模和地形确定窖的大小，计算标准是每头牛不小于 6 $m^3$。

### （五）消毒

消毒池建在厂区门口，宽度与门同宽，长度不小于 3 m，深度 5 ～ 10 cm。消毒室建在生产场区门口，为回廊式，其长度应在 10 ～ 15 m，室内装紫外线灯，地面铺草帘或麦草，并用 30% 的石灰水溶液浸湿。

## 二、奶牛养殖场、养殖小区选址及建设

### （一）选址

原则符合当地土地利用发展规划，与农牧业发展规划、农田基本建设规

划等相结合，科学选址，合理布局。应建在地势高燥、背风向阳、地下水位较低，具有一定缓坡而总体平坦的地方，不宜建在低凹、风口处。应有充足并符合卫生要求的水源，取用方便，能够保证生产、生活用水。土质沙壤土、沙土较适宜，黏土不适宜。交通便利，但应离公路主干线不小于 500 m。周边环境应位于距居民点 1 000 m 以上的下风处，远离其他畜禽养殖场，周围 1 500 m 以内无化工厂、畜产品加工厂、屠宰厂、兽医院等容易产生污染的企业和单位。

### （二）布局

奶牛场（小区）一般包括生活管理区、辅助生产区、生产区、粪污处理区和病畜隔离区等功能区。具体布局应遵循以下原则。

生活管理区：包括与经营管理有关的建筑物。应在牛场（小区）上风处和地势较高地段，并与生产区严格分开，保证 50 m 以上距离。

辅助生产区：主要包括供水、供电、供热、维修、草料库等设施，要紧靠生产区布置。干草库、饲料库、饲料加工调制车间、青贮窖应设在生产区边沿下风地势较高处。

生产区：主要包括牛舍、挤奶厅、人工授精室等生产性建筑。应设在场区的下风位置，入口处设人员消毒室、更衣室和车辆消毒池。生产区奶牛舍要合理布局，能够满足奶牛分阶段、分群饲养的要求，泌乳牛舍应靠近挤奶厅，各牛舍之间要保持适当距离，布局整齐，以便防疫和防火。

粪污处理、病畜隔离区：主要包括兽医室、隔离禽舍、病死牛处理及粪污贮存与处理设施。应设在生产区外围下风地势低处，与生产区保持 300 m 以上的间距。粪便污水处理、病畜隔离区应有单独通道，便于病牛隔离、消毒和污物处理。

### （三）奶牛舍建设施工

基础：应有足够的强度和稳定性，坚固，防止地基下沉、塌陷和建筑物发生裂缝倾斜。具备良好的清粪排污系统。

墙壁：要求坚固结实、抗震、防水、防火，具有良好的保温和隔热性能，便于清洗和消毒，多采用砖墙并用石灰粉刷。

屋顶：能防雨水、风沙侵入，隔绝太阳辐射。要求质轻、坚固耐用、防水、防火、隔热保温；能抵抗雨雪、强风等外力因素的影响。

地面：牛舍地面要求致密坚实，不打滑，有弹性，便于清洗消毒，具有良好的清粪排污系统。

牛床：牛床有一定的坡度，有一定厚度的垫料，沙土、锯末或碎秸秆可作为

垫料，也可使用橡胶垫层。泌乳牛的牛床面积为（1.65～1.85）m×（1.10～1.20）m，围生期牛的牛床面积为（1.80～2.00）m×（1.20～1.25）m，青年母牛的牛床面积为（1.50～1.60）m×1.10 m，育成牛的牛床面积为（1.60～1.70）m×1.00 m，犊牛的牛床面积为 1.20 m×0.90 m。

门：牛舍门高不低于 2 m，宽 2.2～2.4 m，坐北朝南的牛舍东西门对着中央通道，百头成年乳牛舍通到运动场的门不少于 2 个。

窗：能满足良好的通风换气和采光。窗户面积与舍内地面面积之比，成乳牛为 1∶12，小牛为 1∶（10～14）。一般窗户宽为 1.5～3.0 m，高 1.2～2.4 m，窗台距地面 1.2 m。

牛栏：分为自由卧栏和拴系式牛栏两种。自由卧栏的隔栏结构主要有悬臂式和带支腿式，一般使用金属材质悬臂式隔栏。拴系饲养根据拴系方式不同分为链条拴系和颈枷拴系。常用的颈枷拴系，有金属和木制两种。

饲料通道、饲槽、颈枷、粪便沟的尺寸大小应符合奶牛生理和生产活动的需要。

青年牛、育成牛舍多采用单坡单列敞开式。根据牛群品种、个体大小及需要来确定牛床、颈枷、通道、粪便沟、饲槽等的尺寸和规格。

初生至断奶前犊牛宜采用犊牛岛饲养。

通道：连接牛舍、运动场和挤奶厅的通道应畅通，地面不打滑，周围栏杆及其他设施无尖锐突出物。

4. 运动场

成年乳牛的运动场面积应为每头 25～30 $m^2$，青年牛的运动场面积应为每头 20～25 $m^2$，育成牛的运动场面积应为每头 15～20 $m^2$，犊牛的运动场面积应为每头 8～10 $m^2$。

运动场可按 50～100 头的规模用围栏分成小的区域。

饮水槽：应在运动场边设饮水槽，按每头牛 20 cm 计算水槽的长度，槽深 60 cm，水深不超过 40 cm，供水充足，保持饮水新鲜、清洁。

地面：平坦、中央高，向四周方向呈一定的缓坡度状。

围栏：运动场周围设有高 1.0～1.2 m 围栏，栏柱间隔 1.5 m 可用钢管或水泥桩柱建造，要求结实耐用。

凉棚：面积按每只成年乳牛 4～5 $m^2$，每只青年牛、育成牛 3～4 $m^2$ 计算，应为南向，棚顶应隔热防雨。

5. 配套设施

电力：牛场电力负荷为 2 级，并宜自备发电机组。

道路：道路要通畅，与场外运输连接的主干道宽 6 m；通往畜舍、干草库（棚）、饲料库、饲料加工调制车间、青贮窖及化粪池等运输支干道宽 3 m。运输饲料的道路与粪污道路要分开。

用水：牛场内有足够的生产和饮用水，保证每头奶牛每天的用水量为 300 ～ 500 L。

排水：场内雨水采用明沟排放，污水采用暗沟排放和三级沉淀系统。

草料库：根据饲草饲料原料的供应条件，饲草贮存量应满足 3 ～ 6 个月生产需要用量的要求，精饲料的贮存量应满足 1 ～ 2 个月生产用量的要求。

青贮窖：青贮窖（池）要选择建在排水好，地下水位低，防止倒塌和地下水渗入的地方。无论是土质窖还是用水泥等建筑材料制作的永久窖，都要求密封性好，防止空气进入。墙壁要直而光滑，要有一定深度和斜度，坚固性好。每次使用青贮窖前都要进行清扫、检查、消毒和修补。青贮窖的容积应保证每头牛不少于 7 $m^3$。

饲料加工车间：远离饲养区，配套的饲料加工设备应能满足牛场饲养的要求。配备必要的草料粉碎机、饲料混合机械。

消防设施：应采用经济合理、安全可靠的消防设施。各牛舍的防火间距为 12 m，草垛与牛舍及其他建筑物的间距应大于 50 m，且不在同一主导风向上。草料库、加工车间 20 m 以内分别设置消火栓，可设置专用的消防泵与消防水池及相应的消防设施。消防通道可利用场内道路，应确保场内道路与场外公路畅通。

牛粪堆放和处理设施：粪便的贮存与处理应有专门的场地，必要时硬化地面。牛粪的堆放和处理位置必须远离各类功能地表水体（距离不得小于 400 m），并应设在养殖场生产及生活管理区的常年主导风向的下风向或侧风向处。

## 三、肉羊养殖场、养殖小区选址及建设

### （一）场址选择

养殖场应选在地势干燥、平坦，地下水位在 20 m 以下的地方建设。山区禁止建在山顶或山谷，地势倾斜度在 1° ～ 3° 为宜，场地应比较开阔，方正，无地质灾害发生。在舍饲为主的农区要有足够的饲草饲料基地或饲草饲料来源。水源充足，要有清洁而且充足的可饮用水，且取用方便，设备投资少。水质符合无公害畜产品《畜禽饮用水水质》《畜禽产品加工用水》的标准。

距离城镇或人口集中居住区不小于 1 000 m，距离交通主干道不小于

500 m，远离其他畜禽养殖场，周围 1 500 m 以内无化工厂、畜产品加工厂、屠宰厂、兽医院等容易产生污染的企业和单位。

电力供应方便，通讯基础设施良好。场址及周围未被污染和并没有发生过任何传染病。周围有足够的土地面积消化羊粪污水。不在水保护区、自然保护区、环境严重污染区、畜禽疫病常发区、山谷洼地建场。

（二）布局

按管理区、生产区、饲料区、隔离区和粪污处理区布置。各区功能界限明显，联系方便。功能区间、肉羊场周围设绿化隔离带，管理区设在场区常年主导风向的上风向及地势较高处，包括办公设施、生活设施、与外界联系密切的生产辅助设施等。管理区与生产区严格分开，保证 50 m 以上距离。

生产区建在羊场中间位置，包括羊舍、运动场和羔羊舍，生产区应相对独立。

饲料加工区与生产区分离，位置应方便车辆运输。

场内草场设置应方便运输，应配套建设青贮设施。

隔离区包括病羊舍和粪污处理区等，设在生产区的下风向。羊场和外界有专用通道与交通干道连接。羊场大门口和生产区门口设车辆消毒池。人员进出处设置消毒通道和更衣室。

（三）肉羊舍建设

羊舍可采用单列式和双列式。羊舍建筑采用砖混结构或轻钢结构。

羊舍面积：按每只产羔母羊 2.0 $m^2$，每只种公羊（单饲）4.0 ～ 6.0 $m^2$，每只种公羊（群饲）2.0 ～ 2.5 $m^2$，每只青年公羊 1.0 $m^2$，每只青年母羊 0.7 ～ 0.8 $m^2$，每只断奶羔羊 0.2 ～ 0.3 $m^2$，每只肉羊（当年羔）0.6 ～ 0.8 $m^2$ 建设。羊舍设置运动场面积为羊舍的 1.5 ～ 2.0 倍，产羔室面积按产羔母羊数的 25% 计算。

畜舍地面：地面以建材不同而分为黏土、三合土（石灰：碎石：黏土＝1：2：4)、石地、砖地、水泥地等。

墙：墙是畜舍的主要围护结构，具有防护、隔热、保暖的作用。根据实际情况，墙可采用半封闭式、封闭式两种。

颈架：可采用简易木制颈架，也可采用钢筋焊接颈架。颈架宽度：成年羊每只 40 ～ 50 cm；羔羊每只 23 ～ 30 cm。

羊舍栏高 1.8 m，运动场栏高 12 m。

肉羊舍屋面应具有防治雨雪和风沙袭击及隔绝太强烈阳光辐射的功能，其材料有土木顶、石棉瓦、油毡、塑料薄膜。肉羊舍屋顶采用单坡式、双坡式或拱式屋顶。

舍内饲喂通道宽度应满足饲喂操作。饮水设施，舍内应建饮水槽，长60 cm，槽宽 40 ～ 50 cm，槽高 20 ～ 30 cm，槽内深 15 cm。

雨水和污水分开，具备良好的清粪排污系统。羊舍地面和墙壁建设选用便于清洗消毒的材料。地面坡度为 1.0° ～ 1.5° 。

繁殖场要有运动场，按每只羊 10 平方米的标准进行建设；育肥场可不设运动场。

粪便沟底坡度应大于 0.6° 。

（四）饲料加工与贮存设施

肉羊场应配套足够面积的青贮设施、干草库和精饲料库。

养殖小区进行分户管理的应单独设计青贮窖和饲料库。干草库、精料库应作防潮通风处理。

（五）肉羊场道路

场内道路分净道和污道，两者严格分开。肉羊场内主道宽大于 4 m，辅道宽大于 3 m。集中进出的肉羊场道路交叉口设活动开关栏杆。

（六）配套设施

给水设施按存栏量 20 天用水量进行设计。养殖场和养殖小区都要有统一的消防通道和必要的消防设施。

（七）兽医卫生

肉羊场四周应建设围墙、防疫隔离带设施。大门口消毒池能承受通行车辆的重量，尺寸为长 4.0 m，深 5 ～ 10 cm。肉羊舍间应有间距 5 ～ 8 m 的隔离带。病死羊只处理应采取高温法、深土掩埋法进行处理。

（八）环境保护

新建肉羊场和养殖小区都必须有相应的污水和粪便处理设施。

场区空气质量、污水处理、粪便处理情况都应经过环境评估，都应符合国家的相关规定。

不同的羊品种有不同的设计标准，要按照哪一种设计建设，主要考虑饲养的品种、规模和场地情况。无论用什么材料，怎样建更好，都要考虑冬暖夏凉、便于羊生产生长、建造成本低等因素。

# 第二节 饲草料生产及利用

饲料是畜牧业发展的基础，它占整个畜牧业生产成本的70%左右，是畜牧产业开发的重要内容之一。我们从优质牧草栽培、秸秆青贮和畜产品安全等三个方面来谈。

## 一、优质牧草栽培

优质牧草主要有紫花苜蓿、红豆草、三叶草、籽粒苋等。这里我们重点讲紫花苜蓿。紫花苜蓿是世界上最著名的多年生优质豆科牧草，称为“牧草之王”。紫花苜蓿有很多品种，播种的主要有陇东苜蓿、加拿大阿尔冈金、美国金皇后等品种。紫花苜蓿寿命长，利用年限可达10年以上，产草量高，盛产期每亩产鲜草4 000 kg左右，折合成干草为450 kg左右。它蛋白质含量高，一般可达22%左右，它在春、夏、秋季均可播种，种子用量每亩1.5～2.0 kg，播深2 cm左右，条播行距20～40 cm，施肥以磷肥和钾肥为主。苜蓿鲜草不能单独饲喂，必须和氨化麦草、青贮玉米草混合饲喂，否则会引起瘤胃鼓气，又称“腹胀病”。

### （一）整地与施肥

苜蓿种子很小，若没有好的整地质量，播种质量就会受到影响。因此，要求秋翻、秋耙、秋施肥。翻地深度在25 cm以上。夏播时，在雨季到来之前翻地和耙地，与早熟作物进行复种，在前作物收获后，随即翻地和耙地。有灌溉条件的地区，翻地前最好能灌一次透水，趁湿播种，保证出苗整齐。施肥以有机肥为主，每0.1亩2 000～3 000 kg。为促进苜蓿生长初期生育旺盛，每亩可增施过磷酸钙150～200 kg、硫酸钙5～15 kg，与有机肥混拌后，翻地前施入。

### （二）播种

1. 品种选种

选择适应本地区生态条件的高产稳产的阿尔冈金、金黄后等品种。

2. 种子处理

苜蓿种子的发芽力可保持3～4年，种子的硬实率为40%。

种子越新鲜，硬实率越高。播前晒种 2 ～ 3 天，以提高发芽率。

3. 播种期

可春播，也可秋播。春播应早播，在灌区可以春播也可秋播；干旱山区以秋播为主。

4. 播种量

播种量在灌区每亩 1 kg 左右，干旱山区每亩 2 kg 左右。

5. 播种方法

可选用单播和混播。小面积高产饲料地多采用单播，大面积人工草地多采用与草谷混播。

（三）田间管理

1. 中耕除草

苗期生长缓慢，不耐杂草，常因草荒严重而致苜蓿地变成荒草地，导致大量减产，乃至绝灭。故及时消灭杂草十分重要。

中耕除草包括苗期、中期和后期的除草三大部分。苗期杂草可用地乐酯等防治，成龄苜蓿的杂草可用地乐酯、西玛津等防治。除草剂常在杂草萌发后的苜蓿地施入，效果较好。

2. 间苗和补苗

苗密度大，小苗互相拥挤，影响生长。苗稀，常被杂草覆盖，也会降低产量和品质。因此，应根据种植情况及时补苗或间苗。

3. 消除病虫害

紫花苜蓿易受螟虫、盲椿象及一些甲虫的危害，应早期发现，尽早防治。另外，苜蓿易感染菌核病、黑茎病等，要早期拔除病株。鼢鼠（瞎老）对草地的危害很大，应在其繁殖季节通过人工或药物进行防治。

4. 收获

收获过早，苜蓿产量低；收获过晚，苜蓿质量差，而且还会影响新芽的形成，造成缺株退化。当年春天播种的苜蓿，可于 8 月刈割一次；经 30 ～ 40 天再生，在封冻前可再刈割一次。夏播的在封冻前刈割一次。2 年后的苜蓿，在始花期刈割一次，经再生后 50 天左右始花时进行下一次刈割，第三次刈割应在 11 月上旬，留茬 5 cm 左右，以备积雪防寒。

## 二、青贮饲料

饲料青贮技术是保持营养物质最有效、最廉价的方法之一。尤其是青饲料，虽营养较为全面，但在利用上有许多必须考虑青贮保存。

（一）可以最大限度地保持青饲料的营养物质

一般青饲料在成熟和晒干之后，营养价值降低 30% ～ 50%，但在青贮过程中，由于密封厌氧，物质的氧化分解作用微弱，养分损失仅为 3% ～ 10%，从而使绝大部分养分被保存下来，特别是在保存蛋白质和维生素（胡萝卜素）方面要远远优于其他保存方法。

（二）适口性好，消化率高

青饲料鲜嫩多汁，青贮使水分得以保存。青贮料含水量可达 70%。同时在青贮过程中由于微生物发酵作用，产生大量乳酸和芳香物质，更增强了其适口性和消化率。此外，青贮饲料对提高家畜日粮内其他饲料的消化性也有良好作用。

（三）可调剂青饲料供应的不平衡

由于青饲料生长期短，老化快，受季节影响较大，很难做到一年四季均衡供应。而青贮饲料一旦做成可以长期保存，保存年限可达 2 ～ 3 年或更长，因而可以弥补青饲料利用的时差之缺，做到营养物质的全年均衡供应。

（四）可净化饲料，保护环境

青贮能杀死青饲料中的病菌、虫卵，破坏杂草种子的再生能力，从而减少对畜、禽和农作物的危害。另外，秸秆青贮已使长期以来焚烧秸秆的现象大为改观，使这一资源变废为宝，减少了对环境的污染。

基于这些特性，青贮饲料作为肉牛的基本饲料，已越来越受到各国重视。

1. 青贮窖

青贮窖应选择在地势高、向阳、干燥、土质坚实的地方建造，采取地上式和半地上式，切忌建在低洼处，应避开交通要道、垃圾和粪便堆积处。

一般青贮窖深 2.5 ～ 3.0 m，宽采用上大下小（如上口为 2 m，下底约 1.7 m），长可以依据地形和饲养肉牛的多少来确定，窖口应高出地面 1 m 左右。

青贮窖的四周应该平整光滑、底部坚实、四角圆滑，装填时可以在四周衬以饲料薄膜，防止漏气。

2. 青贮的种类及青贮饲料的利用

青贮是一项突击性工作。一定要集中人力、机械，一次性连续完成。贮前要把青贮窖、青贮切碎机准备好，并组织好劳力，以便在尽可能短的时间内突击完成。青贮时要做到随割、随运、随切，一边装一边压实，装满即封。原料要切碎，装填要踩实，顶部要封严。

（1）全株青贮技术要点

全株青贮玉米饲料是指专门用于青贮的玉米品种，在蜡熟期收割，茎、叶、果穗一起铡碎青贮，这种青贮饲料具有产量高、营养丰富、适口性强的特点，每千克相当于 0.4 kg 优质青干草。

适时收割：专用全株青贮玉米的适宜收割期在蜡熟期，即籽粒剖面呈蜂蜡状，没有乳浆汁液，籽粒尚未变硬。此时收割，不仅茎叶水分充足（70%左右），而且单位面积土地上营养物质产量最高。

收割、运输、铡碎、装贮等要连续作业。全株青贮玉米柔嫩多汁，收割后必须及时铡碎（铡碎长度应为 1 ～ 2 cm）、装贮，否则，营养物质将损失。

采用永久性青贮池青贮。因全株青贮玉米水分充足，营养丰富，为防止汁液流失，必须用永久青贮池，如果用土窖装贮时，四周要用塑料薄膜铺垫，绝不能使青贮饲料与土壤接触，防止土壤吸收水分而造成霉变。

（2）开窖及取用

封窖 40 天左右即可开窖饲用。饲喂方法：青贮饲料具有清香、酸甜味，肉牛特别喜食，但饲喂时应由少至多。饲喂青贮饲料千万不能间断，以免窖内饲料腐烂变质和牲畜频繁变换饲料引起消化不良。冬季饲喂青贮饲料要在畜舍内或暖棚里，先空腹喂青贮饲料，再喂干草和精饲料，以缩短青贮饲料的采食时间，每天每头肉牛混拌量为 10 ～ 15 kg。

取用青贮饲料，应选择一端开窖，切忌全面揭顶，也不可掏洞取料，一经开窖应天天取用。取用后要及时盖以草帘或席片，发霉变质的烂草应及时处理掉，不可堆放在青贮窖周围。

（3）青贮饲料的质量

制作良好的青贮饲料颜色呈黄绿色，pH 为 4.0 ～ 4.5，有酸香味或水果香味，松散柔软，不黏手，叶脉清晰、略带潮湿；黄褐色或褐绿色次之，pH 为 4.5 ～ 5.0，酸味略带刺鼻性；褐色或黑色为劣等，pH 在 5 以上且带有酸臭味，结成团块或发黏，分不清饲草原有的结构。总之，酸而喜闻为上，酸而刺鼻为中，臭而难闻为劣。

## 三、畜产品安全

畜产品安全是指肉、蛋、奶等动物性食品中不应含有危害人体健康或对人类的生存环境构成威胁的有毒、有害物质和因素。畜产品安全涉及畜牧业生产的很多环节，主要包括饲料安全、兽药安全、饲养管理安全、疫病防治安全和屠宰加工安全等五个方面。

（一）饲料安全

饲料中不应含有对饲养动物的健康和生产性能造成实际危害的有毒、有害物质或因素。这方面存在的主要问题是饲料药物添加剂和兽药的滥用、非法使用违禁药品、超剂量添加维生素类和矿物质元素添加剂、对饲料的生产、经营监管不力等。

（二）兽药安全

按照国家法律法规和行业标准生产、经营和使用兽药。这方面存在的主要问题是兽药的生产水平低、经营不规范和使用不合理，造成兽药在畜产品中的大量残留。这里要特别说明的是，食用和屠宰加工的牛羊及牛奶一定要严格执行休药期规定，不同的药物有不同的休药期，只有各种药物休药期结束后，方可屠宰和食用。

（三）饲养管理安全

根据动物的生活习性和生产性能，建造适合动物生长和生产的圈舍，使用安全饲料和兽药，对废弃物进行无害化处理。这方面存在的主要问题是动物圈舍卫生条件差、饲养密度大、动物发病率高、造成兽药的普遍使用和滥用生长素等添加剂。

（四）动物疫病防治安全

根据动物疫病种类和发病规律，科学规范地使用有国家批准文号的疫苗和药品，并严格按剂量使用和执行休药期的规定。这方面存在的主要问题是超剂量使用兽药、不执行药物休药期规定，导致致病细菌等病原微生物抗药性不断增加和药物残留量增加。

（五）屠宰加工安全

在屠宰加工过程中防止微生物污染，杜绝注水肉、病死肉进入市场。畜产品不安全，主要是肉、蛋、奶等动物食品中兽药、农药、违禁药品、重金属及其他有毒有害物体的污染。造成畜产品不安全的主要原因是对其危害性认识不足，盲目地追求数量和经济效益，而忽略了产品的质量。

畜产品不安全的危害性，特别是对人的危害性十分严重，主要表现在：一是引起人畜共患病的发生；二是造成中毒；三是引起过敏反应和变态反应；四是致癌、致畸、致突变；五是对胃肠道菌群造成不良影响；六是细菌耐药性增加，对临床用药带来影响，对有些疾病的诊断变得困难，使抗菌药物失效，医疗费用增加和新药开发压力加大等。

# 第五章　蜜蜂生态养殖

## 第一节　养蜂场地的选择与布置

### 一、养蜂场地的选择

不是随便找块空地就能当成蜂场场址开始养蜂的。合格的养蜂场地至少要符合两点，一是为蜜蜂的采集活动提供必要的物质基础，二是为养蜂人员的工作与生活提供基本保证。标准养蜂场地应该具备下列条件。

（一）蜜粉源丰富

蜜粉源是影响选址最重要的因素。由于花朵几乎是蜂群唯一的食物来源，可以想见，在没有花朵或花少的地方养蜂，蜂群本身要获得足够的自身消耗饲料都会十分困难，更别说为饲养它们的养蜂人提供多余的蜂产品了。所以了解和掌握附近的蜜粉源情况，是养好蜜蜂的基础工作，必须在购买蜂群之前就认真而细致地实地亲自调查。一般来说，植物种类多、面积大、人类开发程度低的地方符合要求的可能性较大。道理很简单，只有植物多而面积大，其中存在开花并泌蜜的植物的可能性就大；而人类在开发活动中砍掉了不少被认为“无用”的野生蜜粉源植物，且周围生态环境的恶化也或多或少地影响到植物的泌蜜习性。在初步选好植被丰富场地后，要调查落实当地植物的种类和相应的面积，看看其中有哪些是蜜粉源植物，每种蜜粉源植物的面积有多大，每种蜜粉源植物的开花泌蜜时间及泌蜜量的大小、有无大小年等。要多向当地的农户、蜂农请教询问，山上有哪些主要树种，田里偏爱种植的农作物有哪些，当地有没有人养蜂，蜂蜜的收成如何等，在攀谈中能掌握蜜粉源的大致情况。为准确掌握蜜粉源的确切情况，最后还应该亲自到蜜粉源植物的现场去核实一下从他人处了解的情况，并看一下它们的树龄、长势等，做到心中有数个合格的养蜂场址。要求在场地周围 2.5 km 半径范围内，全年至少要有 1 种大面积的主要蜜源植物（平均每群蜂数亩至十数亩）来生产商

品蜜，还要有十几种到几十种一年四季花期交错的小面积辅助蜜源以维持蜂群的基本生活。

（二）背风向阳，地势高且干燥

在确定蜜源的丰富度后，要寻找一个比较理想的放置蜂群的场地。要求场地的西北面最好有小山院墙或密林遮挡，即场地背面有挡风屏障，防止冷风吹入蜂箱中；场地的地势要高而干燥，不积水不潮湿，防止蜂群和人员受地下湿气的侵袭而生病。如果是在山区，可选在山脚或山腰南向的坡地上，不宜在高寒的山顶，或经常出现强大气流的峡谷，或容易积水的沼泽荒滩等地建立蜂场。

（三）气温稳定，小气候适宜

小气候是受植被、土壤性质、地形起伏和湖泊、灌溉等因素影响而形成的。养蜂场地周围的小气候特点，会直接影响蜜蜂的飞翔天数、日出勤时间的长短、采集粉蜜的飞行强度以及蜜源植物的泌蜜量等。所选场地前方要地势开阔，利于蜜蜂的起降和飞行；场地内光照充足，有利于低温时保温和人员工作采光；场地中间最好能有稀疏的小树遮阴，免遭夏日炽阳的曝晒，并能享受夏日里吹来的凉爽南风。

（四）清洁安全的水源

蜂群和养蜂员的生活都离不开水。场地附近要有对人和蜜蜂都安全而清洁的水源，最好是涓涓的小溪或小河、小渠的清澈活水，既可供蜜蜂安全地采水，人员用水也卫生方便。但蜂场的前面不可紧靠水库、湖泊、大江、大河等大面积水面，这样的水源会使蜜蜂采水时无处落脚，而水面上时有大风，会将飞过的蜜蜂刮入水中溺死。在工厂排出的污水源附近不可设置蜂场，以免蜜蜂中毒。

（五）环境安静安全

首先，蜂场要与车道和人行道有一定的距离。要远离市场、工矿、采石场、铁路、学校等人声嘈杂之地。蜜蜂是喜欢安静、怕振动、怕吵闹、怕烟火的昆虫，即使是性情温驯的蜜蜂，久待于高分贝噪声之下，也会变得凶暴不安，容易蜇人；蜂场附近也不能有牲畜打扰。其次，蜜蜂对环境安全的敏感性很高，化工厂、农药厂、农药仓库、高压变电站、强磁场附近，刚使用过农药的农田等处不能放置蜂群；再者，不能在糖厂、果脯厂等使用糖类为原料的工厂或香料厂附近放蜂。因为蜜蜂会情不自禁地频频光顾采糖，这是天性。这样不仅影响工厂里的生产，蜇伤其工作人员，还会引起蜜蜂的伤亡损失；最后，还要留心周围是否有洪水、塌方、猛兽、胡蜂等的威胁。

## 二、蜂场布置的基本原则

蜂场在某一个地方停留的时间很短，一旦花期结束，就会转运到下一个蜜源地去采集，所以养蜂场地多半都是临时性的。养蜂员一般是租赁当地农户的空房做暂时居所，更多的时候就在蜂场里搭建一个帐篷，因地制宜地安顿自己的日常生活。如果地方太小，蜂农往往会围绕帐篷把蜂群一箱挨一箱地排成圆形或方形，在小地方就能凑合住下。而如果是一个固定地饲养的蜂场，或者是一个年年都要去放蜂的场地，则应该要逐步建立一些方便人员和蜂群生活的基础设施，如宿舍、食堂、卫生间、蜂蜜仓库、蜂机具保管室等，较大的蜂场甚至要建起办公室、车库、澡堂、蜂产品加工车间、蜂具加工厂等。这些投入可以改善人员起居条件及蜂群生产条件，提高生产效率及生产水平。由于永久性蜂场要求的条件比较严格，因此，在进行周密调查了解情况后，还应该将蜂群放在预选的地方试养 2 ～ 3 年，确认符合要求以后，再进行基础设施建设。

永久性蜂场建立要遵循的原则，第一是“勤俭节约”，根据蜂场的生产规模和发展计划，建起的各种设施够用好用就行，不可盲目贪大贪多，也不能没有前瞻性地刚建好没几年就不够用了。第二是“互不影响”，即生产设施和生活设施不能相互影响。一般要使两者之间保持一定的间隔，比如，人员居住区的灯光不能照射到蜂箱的巢门，否则蜜蜂会循着灯光黑夜里飞出蜂巢而造成损失；再如，加工厂的机器噪声或震动会影响蜜蜂的正常生活及采集，大功率喇叭、电磁设备也不能离蜂场太近，以免干扰蜜蜂的飞行及定向导航。第三是“实用方便”，所建立的各种设施无论对蜜蜂还是对蜂农，都应该是简单而实用的，既便利蜂农对蜂群的管理操作，又便利蜜蜂识别本群蜂箱的位置及飞行活动。例如，蜂场里设置的蜜蜂饲水器，既可以满足蜜蜂饮用安全、采、集清洁水的需要，也可以满足蜂农生活及生产用水的需要。第四是“逐步建设”，有些设施很急，有些设施则可以从缓，要有规划性和发展性。此外，为防止夏日太阳对蜂箱的暴晒，可在蜂场有计划地种植一些木本植物，或搭建凉棚并种植藤本植物攀爬于棚上，为蜂群遮阴。

## 三、蜂场布置的方法

### （一）蜂群数量

一个蜂场放置的蜂群数要根据蜂种和蜂场的地势及大小等来决定。一般

以百群以内为宜。意蜂可多放置一些，中蜂要少放一些。

（二）场间间距

蜂场与蜂场之间至少应相隔 2 000 m，以免相互干扰，传播疾病，并减少盗蜂发生的机会。

（三）靠近蜜源

一般来说，蜂场距离蜜源越近越好，这样蜜蜂采集的效率高。注意把蜂场设在蜜源的下风处或地势低于蜜源的地方，使蜜蜂空身逆风或爬高飞行，满载后顺风或降落飞行，节省体力。

（四）防止中毒

对花期施用农药的蜜源作物，蜂群要放在与之相距 50 m 以外的地方，以减轻蜜蜂农药中毒的程度；此外，存在有毒蜜源的地方不能作为养蜂场的场址。

（五）清理场地

新开辟的养蜂场地，首先要铲除杂草，平整土地，清除垃圾，才能摆放蜂箱。蜂场一旦开始使用，每天都应保持好卫生状态。

（六）编号记录

养成编号记录的好习惯，即给全场所有的蜂群一一对应编号，每群蜂都要建立档案，进行定期跟踪记录。这样看起来似乎很麻烦，实际上每群蜂的一般情况都有案可查，可免去很多不必要的检查等管理工作，反而能比较轻松地管理好蜂群。就拿进场后摆放蜂箱来说，在蜂群没有运到以前，就应将各箱的具体位置预先按编号设定好，蜂群进场后按号摆放即可。如果蜂群运到后随意摆放，当蜂群密度较高时，就可能出现管理时经常把有问题蜂群记错的情况，而蜂箱一旦放好，再搬动就很麻烦，因为蜜蜂此时已经固执地记住了本群蜂箱的确切位置，蜂箱位移动，不少蜜蜂就因找不到家而无法顺利回本群，进而错投他群。更严重的是，如果这种情况发生在缺蜜季节里，可能会因此而引发盗蜂。

（七）蜂群间距

场地较大时，蜂群应放开一些为好，可采用单箱单列或双箱单列的排列方式，即单群或双群为一组，各组排成一行；如果场地比较拥挤，则只能采用双箱多列或三箱多列的排列方式，即双群或三群为一组，多组排成一行，全场再排成多行。群与群之间的距离最好不少于 0.5 m，组与组间的距离不少于 1.5 m，行与行间的距离不少于 2.5 m。此外交尾群或新分群应散放在蜂场边缘，群与群间距宜大。

（八）巢门朝向

不同的蜂种认巢力不同。意蜂认巢力较强，可相对集中摆放，巢门多朝向南方，或偏南的东南或西南向，可使蜜蜂提早出勤，并有利于低温季节蜂巢的保温；中蜂认巢力较差，宜散放，亦可 2 ～ 3 群为 1 组，分组放置，各群或组之间的距离宜大，且各群的巢门朝向要各不相同，有的朝东，有的朝西，有的朝东南，有的朝西北等等。为帮助蜜蜂识别、记忆自己蜂箱的位置，可利用地形的特点，标识性地物，人工标记物及不同蜂箱颜色等手段，尽量减少蜜蜂迷巢的可能性。

（九）垫高箱体

蜂箱直接放在地上，蜂群易受地下湿气侵袭而生病，也容易受到蚂蚁、蟾蜍、行军虫等敌害的攻击，所以箱体至少要用石头、砖块垫高 20 cm，也可打下木桩。放置箱体时要前低后高，可以防止雨水倒流入蜂箱内。箱体垫高后一定要左右放平稳，使巢脾保持与地面垂直，并防止风吹或人员不小心将箱体吹翻或碰倒。

（十）巢门开阔

巢门应面对空旷之处，使蜜蜂进出无阻。不可面对墙壁或篱笆等障碍物。箱前如有不时长高的杂草，要随时铲除。

## 第二节 蜜蜂的日常养殖管理技术

### 一、蜜蜂的饲养管理

（一）保证蜜蜂营养充足

1. 蜜蜂营养

蜜蜂营养是指蜜蜂摄取、消化、吸收和利用饲料中营养物质的全过程，是蜜蜂一切生命活动的基础。蜜蜂从食物中摄取的营养素主要有碳水化合物、蛋白质、脂类、维生素、矿物质等。碳水化合物、蛋白质、脂类是三大主要营养特质，主要为蜜蜂供给能量、形成机体组织、代谢调节和形成分泌物的

原料（如蜂蜡、蜂王浆等）。维生素和矿物质虽然蜜蜂个体需要量较少，但不可或缺，蜜蜂自身不能合成，只能靠从食物中摄取。当蜜蜂体内维生素和矿物质过量或缺乏时，都会严重影响蜜蜂繁殖、能量代谢、酶的分解和合成。

2. 蜜蜂营养供给

蜜蜂是自然界中存在的重要授粉昆虫。经过千百万年的自然进化，蜜蜂通过取食蜂蜜、花粉、蜂王浆，繁衍生息。蜂蜜、花粉、蜂王浆不仅含有蜜蜂生命活动所需的碳水化合物、蛋白质、脂类，还含有充足的维生素和矿物质，保证了蜜蜂的正常生存和健康发展。但由于人们追求高产、效益，把蜂群内部的蜂蜜、花粉全部取出，换以代用饲料，并大量生产蜂王浆，导致蜜蜂营养失衡，抵抗力下降，各种病害、螨害频发，并大量病死，最终得不偿失。因此，高产、高效的饲养主要是从蜜蜂营养充足、健康饲养谈起。给蜜蜂饲喂充足、优质的蜂蜜和花粉，适当生产蜂王浆，让蜜蜂营养充足、避免过度劳累，为人们和社会创造更多的经济效益。

### （二）培育抗病蜂种

1. 抗病力

罗森布纳对抗病力做了权威性的研究，并指出：培育对美洲幼虫腐臭病具有独特抗性的蜜蜂品系是可行的，该行为的遗传性，完全符合遗传分析。泰别尔（1980）指出，抗美洲幼虫腐臭病的蜜蜂也抗白垩病。具卫生行为的蜜蜂能很好地清理巢房，对疾病的抵抗力也强，巢箱里巢虫也很少。培育蜜蜂抗螨品系是解决大蜂螨问题最为有效的方法。过去已有过许多成功地培育出抗病品系蜜蜂的报道。综上所述，对蜜蜂上述常见疾病的抗病力，视蜜蜂的行为特征而定，而行为特征本身具有相对简单的遗传特征。因此，可以通过培育抗病蜂种，来提高蜂群对疾病的抵抗力。

2. 选择抗病蜂种

饲养者可以通过日常的饲养管理记录，将对病害具有较强抗性的蜂群留作育种群，选择优质的雄蜂，通过集团闭锁繁育，经过 4 ～ 5 代的选育，就会选择出具有相应抗病力的蜂群。

### （三）科学的饲养管理

蜜蜂是昆虫，属于无脊椎动物，但长期的进化过程中，形成了一套完整的免疫系统，通过其结构和生理屏障及多种功能的血细胞、体液因子的协同作用，对侵入体内的病原体及异物具有明显的免疫防御反应。

科学的蜜蜂饲养管理方式，以抗病、高产为宗旨，时刻遵照保护和提高蜜蜂免疫防御系统的原则。蜜蜂免疫系统由表皮、中肠、气管系统、血淋巴组成。蜂螨刺吸蜂体留下的伤口、蜜蜂食入携带病原体的饲料、污染的水源和有毒有害的气体等都会引发病害。因此，我们在蜜蜂饲养的过程中，防止蜂病发生，应做好以下几点。

1. 加强蜂群保温

早春和晚秋做好蜂群保温，可以防止孢子虫病和白垩病的发生。蜂群保温可以通过加保温物和蜂群自身保温的方法。早春时，东北地区昼夜温差较大。蜂箱内部加苯板（或草帘）保温和箱底垫稻草保温至关重要。同时，春季开繁时，蜂群群势要强，保证蜂多于脾或蜂脾相称，实现蜂群的自身相互保温，防止病害发生。

2. 饲养强群

养蜂的目的，是取得较好的经济效益。常年饲养强群，是蜂群健壮、高产的前提。早春时，东北地区 3 脾蜂开繁，让更多的蜜蜂护脾、护子，防止病害发生，更有利于蜂群的发展。流蜜期，采取强群采蜜，不仅能实现蜂群高产，蜂王产卵力旺盛的蜂群，还可不断补充劳累而死的蜜蜂。进入越冬期，东北地区越冬蜂群势应保持在 4 ～ 6 足框，并做好相应的保温，可以确保蜂群顺利越冬。

3. 适时换王换脾

及时更换老、劣蜂王，保持蜂群强盛的繁殖力，是养好蜂的关键。一般一年换一次王。每年大流蜜期造新巢脾，及时销毁老旧巢脾，以保证培育新蜂的质量。

4. 适时治螨

蜂螨危害蜂群时，不仅刺吸蜜蜂表皮，会使病原从伤口进入蜜蜂体内，从而使蜂群染病，还会将病原体传染给其他蜜蜂，成为间接的传染源。因此，每年春、秋季节关王断子后，狠治蜂螨。

5. 保证巢内饲料充足

用成熟蜂蜜和优质花粉饲喂蜂群，保证蜂群的健康发展。大流蜜后期，要给蜂群留足蜜脾，不要将巢内蜂蜜全部取出。同时，在外界蜜源缺乏的季节，应给蜂群喂足蜂蜜和花粉，以保证蜂群繁殖的继代蜂健康。具体做法是，将脱脂奶粉、脱脂大豆粉、酵母粉等作为添加物加在浓糖浆中喂蜂或揉成饼状物饲喂蜂群。尤其在东北地区，越冬前期，让蜂群造些多余的蜜脾，在次年早春时补喂给蜂群，这样更有利于蜂群的春繁。

6. 夏季做好蜂群防暑遮阳

夏季时给蜂群做好遮阳，防止蜂箱内部温度过高。蜜蜂慢性麻痹病在蜂群内的发生与传播有较明显的季节性，多发生于仲夏至初秋。该病属于病毒

病，当蜜蜂感染病毒后，巢内饲育温度对死亡与否影响极大。在 30℃条件下饲育，死亡慢。温度越低，病蜂死亡越慢。在 35℃条件下饲育，则在 5 ～ 7 天表现症状并迅速死亡。但在 30℃条件下饲育的病蜂其体内病毒数量则多于 35℃条件下饲育的病蜂。因此，夏季蜂箱的遮阳对防止病害的发生也具有重要作用。同时，夏季高温会造成蜜蜂卵不孵化、蜂群怠工，早晚给蜂脾各喷 1 次清水，可以起到降温防病的作用。

7. 给蜂群饲喂清洁的水

蜜蜂进行采集、饲喂、泌蜡等生命活动，体内会消耗大量的水分和盐分。1 脾足蜂，在高温天气 1 日耗水量约为 100 g。若蜂场不设喂水器，蜜蜂会自动去周边采水。日常饲养管理中，每天给蜂群补充清洁的 0.1% 盐水，保证蜜蜂所需。可以全场共用一个喂水器，每天换水，并进行清洁，保持卫生。这样可防止蜜蜂去周边采集不干净的水和盐而染病。

### （四）蜂群卫生

1. 场地卫生

饲养蜜蜂场地要选择干燥的高地。首先，将场地清理干净，再用生石灰粉洒满场地或用 0.1% 新洁尔灭溶液喷洒进行消毒，晾晒 5 日后，再摆放蜂箱。

2. 饲料安全卫生

给蜂群饲喂的蜂蜜、花粉、蜜脾、粉脾都要经过消毒后，才能饲喂给蜂群。一般蜜脾、粉脾可以用硫黄熏蒸、晾晒后，再饲喂蜜蜂。花粉用 75% 的酒精消毒后喂蜂。发酵蜂蜜和染病群清巢的蜂蜜，不能直接饲喂给蜂群，都要经过 68 ～ 72℃水浴加热半小时冷却后再喂蜂。

3. 蜂箱、巢脾等蜂机具的卫生消毒

在每年的闲暇季节，将抽取的巢脾、蜜脾、粉脾、蜂箱等用硫黄密闭熏蒸 24 小时后，再晾晒 7 日后使用。蜂箱还可用酒精喷灯沿蜂箱内壁和箱缝进行烘烤后使用，可以杀死病原体。若蜂群发病后，使用过的蜂箱等蜂机具都需要经过消毒后再进行使用。病害感染严重的巢脾应及时销毁，防止病原二次传播。

## 二、蜜蜂的检查

### （一）箱外观察

在养蜂生产的日常管理中开箱检查十分重要，但次数不宜过多。根据箱外观察，可以判断蜂群情况。在外界有蜜源、粉源的情况下，工蜂勤采花粉，说明蜂箱内有较多的卵和幼虫，蜂王产卵旺盛。如果采花粉的工蜂稀少，则可能蜂王产卵较少。

1. 流蜜期，天气晴好时，如果巢门有大批蜜蜂出入。则说明该蜂群属强群，蜜蜂出入稀少则为弱群。

每天下午 3 时左右，如果有很多蜜蜂在巢门前上下有序飞翔，高度不超过 1 m，则多为幼蜂试飞。

2. 蜂巢中，适合蜜蜂繁殖的温度为 34℃～35℃。夏季温度过高，蜜蜂会通过在巢门口扇风来降低温度。

如果多数工蜂振翅扇风，说明箱内温度过高，应及时增加巢脾或添加继箱。

### （二）开箱观察

开箱就是打开蜂箱的箱盖和副盖，提出巢脾以便进行检查和其他管理的操作过程。开箱观察是蜂群饲养管理中最基本的操作技术，如蜂群检查、饲喂、取蜜产浆、人工分群、防螨治病等都需要开箱才能完成。如果开箱操作不当，对蜂子发育、巢温、蜂群正常生活等均有较大的影响和干扰，操作者也有被蜜蜂蜇伤的危险。为避免开箱操作对蜂群和养蜂生产造成不良影响，开箱时必须选择合适的时间和进行规范操作。

1. 开箱准备

为尽量减少开箱操作对蜂群的不良影响，缩短开箱时间，减少蜜蜂螫刺。开箱前应明确开箱目的和操作步骤，做好个人防螫保护，备齐工具和用具。

开箱目的决定开箱操作方法，如继箱群全面检查须从巢箱开始，由隔板起逐脾提出观察；若局部检查蜂子发育，则需在育子区中部提脾观察；若取浆框，只需打开箱盖和副盖提出浆框即可。

开箱时应随身携带起刮刀、蜂刷、喷烟器或小型喷雾器等常用开箱工具。喷烟器应预先点燃，喷雾器应灌满清水。如开箱时还需进行其他工作，如检查蜂群、割除雄蜂、加脾或加础、蜂群饲喂、上继箱等，还需相应准备好检查记录本、定群表、割蜜刀、巢脾或巢础框、蜜蜂饲料及饲喂器、继箱及隔王栅等。

开箱前还应充分做好防护准备工作，穿上浅色非毛呢质布料工作服，戴上蜂帽面网，为防蜜蜂从操作者袖口或裤脚进入衣裤内，应戴好防护套袖和扎紧裤脚。

2. 开箱操作

在蜂场，任何人都不宜在蜂箱前 3 m 以内长时间停留，以免影响蜜蜂的正常出入。开箱者只能站在箱侧或箱后，当开箱者接近蜂群时，要置身于蜂

箱的侧面，尽量背对太阳，便于观察房内卵虫发育情况。

将箱盖轻捷打开，置于蜂箱后面或倚靠在箱壁旁侧，然后手持起刮刀，轻轻撬动副盖。对于凶暴好螫的蜂群，可用点燃的喷烟器，从揭开箱盖的缝隙或直接从纱盖上方对准巢框上梁喷烟少许，再盖上副盖。使蜂群驯服后，将副盖揭起，反搁放在巢箱前。副盖的一端搭放在巢门踏板前端，使副盖上的蜜蜂沿副盖斜面向上爬进蜂箱。如果蜂群温驯则不必喷烟。在天气炎热的季节开箱，可用喷雾器向蜂箱内喷雾替代喷烟，具有加湿降温作用，效果更好。

打开蜂箱箱盖和副盖后，操作者可用双手轻而稳地接近蜂箱前后两端，将隔板缓缓向边脾外侧推移，然后用起刮刀依次插入近框脾间蜂路，轻轻撬动巢框，分离框耳与箱体槽沟粘连的蜂胶，以便提出巢脾。

一般情况下，提出的巢脾应尽量保持脾面与地面垂直，以防强度不够使过重新子脾或新蜜脾断裂及花粉团和新采集来的稀薄蜜汁从巢房中掉出。如果巢脾两面都需查看，可先查看巢脾正面，再翻转巢脾查看另一面。查看时先将水平巢脾上梁竖起，使其与地面垂直，再以上梁为轴，将巢脾向外转动半圈，然后将捏住上梁框耳的双手放平，巢脾下梁向上。操作时，应始终保持巢脾脾面与地面垂直。全部查看完毕后，再按上述相反顺序恢复到提脾的初始状态。

另一种提脾查看方法：提出巢脾后先看面对视线的一面，然后将巢脾放低，巢脾上部略向前倾斜，从脾的上方向脾的另一面查看。有经验的养蜂人员常用此法快速检查蜂群。

开箱后，可按正常脾间蜂路（8 ～ 10 mm），迅速将各巢脾和隔板按原来位置靠拢，然后盖好副盖和箱盖。恢复时，应特别注意不能挤压蜜蜂，经常挤压蜂群，往往会使蜂群变得凶暴，难以管理。将巢脾放回蜂箱中和盖上副盖时，应特别注意巢脾框耳下面和箱体槽沟处以及副盖与箱壁上方，蜂箱的这些位置最易压死蜜蜂。

如果要先开继箱蜂群的巢箱，可将箱盖揭开后，翻过来平放于箱后。用起刮刀撬动继箱与平面隔王栅或巢箱的连接处，分开粘连的蜂胶，然后搬下继箱，置于翻过来的箱盖上。恢复时，要小心避免压死继箱下面的蜜蜂。

### （三）注意事项

为减轻开箱检查对蜂群的影响，保证蜂群正常的生活及养蜂者开箱操作的安全，开箱检查时应注意以下问题。

第一，开箱最好选择 18℃～ 30℃晴暖无风天气进行，尽量避免在 14℃以下的阴冷天气开箱。气温较低时开箱对蜂巢正常巢温影响很大，会影响蜂子的发育和增加饲料的消耗。另外在低温、刮风、阴雨的天气开箱，蜜蜂比较凶暴，容易螫刺伤害开箱检查人员，应特别注意。开箱操作的时间越短越好，一般不超过 10 分钟。开箱时间长，不但影响巢温，而且还会影响对蜜蜂幼虫的哺育和饲喂，容易引起盗蜂。酷暑期开箱应在早晚气温较低时进行，大流蜜期开箱要避开采集工蜂出勤的高峰期。

第二，外界蜜源枯竭的盗蜂季节不要轻易开箱，如果必须开箱，只能在蜂群不出巢活动时进行。并且开箱时应特别注意，巢脾中的蜜汁不能滴至箱外，如果不慎滴到箱外，一定要及时将滴至箱外的蜜汁用土掩埋或用水冲洗干净，以防引起盗蜂。

第三，开箱时养蜂人员身上切忌带有葱、蒜、汗臭、香脂、香粉等异味，或穿戴黑色或深色毛呢质衣帽，因为这些蜜蜂厌恶的气味和颜色，容易引起蜜蜂激怒而行螫。

第四，开箱操作时力求仔细、轻捷、沉着、稳重，做到开箱时间短、提脾和放脾直上直下，不能压死和扑打蜜蜂及挡住巢门。打开箱盖和副盖、提脾、放脾都要轻稳，面对巢脾时不宜喘粗气或大声喊叫。

第五，如果检查蜂群时被蜂螫刺，应沉着冷静，迅速用指甲刮去螫刺，不宜试图用手指捏着螫刺拔出。手提巢脾被螫时，可将巢脾轻稳放下后再处理，切不可一扔巢脾，拼命逃窜。被螫部位因留有蜜蜂报警外激素的痕迹，很容易再次被螫刺，所以被螫部位刮去螫刺后，最好及时用清水或肥皂水洗净擦干。有严重过敏反应者，应及时送往医院急救。

第六，交尾群开箱，只能在早晚时间段内进行。中午前后往往是处女王外出交尾的时间，如果此时开箱查看，容易使返巢处女王错投他群而发生事故。

第七，刚开始产卵的蜂王，常会在开箱提脾时惊慌飞出。遇到这种情况，切不可试图追捕蜂王，而应立即停止检查，将手中巢脾上的蜜蜂顺手抖落在蜂箱巢门前，放下巢脾，敞开箱盖，暂时离开蜂箱周围，等待蜂王返巢。一般情况下蜂王会随着飞起的工蜂返回巢内。蜂王返巢后，应迅速恢复好箱盖，不宜继续开箱，以免使惊慌的蜂王再度飞逃。

## 第三节　蜜蜂的四季管理

四季气候的变化，直接影响着蜜蜂的发育、生存、蜜粉源的开花、流蜜、蜂群病敌害的消长。所以要根据当地四季气候的变化、蜜粉源的条件、蜂场经营的规模、自己掌握的饲养技术等，在周年养蜂生产中采取相对应的饲养

管理措施。在不利的季节，力求保存蜂群实力；在有利的季节，力求快速增殖，以达到稳产、高产的目的。

## 一、春季蜂群管理

定地饲养的蜂群经过几个月的冬季蛰伏，从春季开始了全年生产的准备阶段，也就是春季繁殖阶段。春季蜂群繁殖、复壮的快慢关系到当年养蜂生产的收入，是养蜂生产的重要一环。

蜂群春季管理要尽早使蜂群度过越冬蜂更新、群势发展和蜂群增殖发展，进入采集蜂积累阶段，使蜂群在第一个主要蜜源开花泌蜜前强大起来。只有适时地培育出大量的采集蜂，才能充分利用主要蜜源获得丰收。

做好越冬蜂的更新和蜂群增殖（壮大）发展两个阶段。使蜂群迅速发展壮大起来，为夏季分蜂、取蜜和造脾创造有利条件。要依靠产卵力强的蜂王，还要具备适当的群势和适当密集；充足的蜜、粉饲料；数量足够的优良产卵脾；良好的保温、防湿条件；蜂群无病虫害等条件。

春季蜂群内部变化。早春，定地饲养的蜜蜂蜂王于“立春”前后（2 月上旬）开始产卵。2 月下旬 3 月上旬外界开始有自然花粉。转地南方春繁的蜜蜂蜂王于 1 月上旬开始产卵。

蜂群的变化是越冬老蜂每日死亡数超过幼蜂出房数，蜂群内的蜂数由多变少，群势出现下降趋势（开繁要求蜂多于脾的原因）。蜂王的产卵量随着外界气温的升高，蜜、粉源的大量出现和工蜂的日渐活跃，由少到多（几十粒至几百粒）逐渐增长。从蜂王开始产卵到新蜂出房，最后新蜂更替了老蜂，达到蜂王开始产卵时的群势，这段时间称为“恢复期”。当出房新蜂的增加数超过越冬老蜂的死亡数时，进入“增值阶段”或“发展阶段”。增值期一般在四月上中旬完成。整个过程蜂数变化为由多变少再增多。

### （一）箱外观察

观察蜜蜂的出巢表现、排泄飞行。蜜蜂是以微弱的生理活动结成越冬蜂团，处于半蛰伏状态越冬，度过冬蛰期，一旦条件合适，便恢复活动。

在早春天气暖和的时候，蜜蜂就会出巢飞翔，排泄腹中整个冬季积存的粪便，一般在 2 月上旬至 3 月上旬之间（定地饲养）。在蜂群排泄飞翔时要注意观察蜂群的活动情况。

转地春繁的蜜蜂在到达目的地后会马上出巢并排泄飞行。蜂群在经过排泄飞行后，蜂王会马上开始产卵。

越冬顺利的蜂群，蜜蜂飞翔有力，蜂群越强，飞出的蜜蜂就越多；越冬

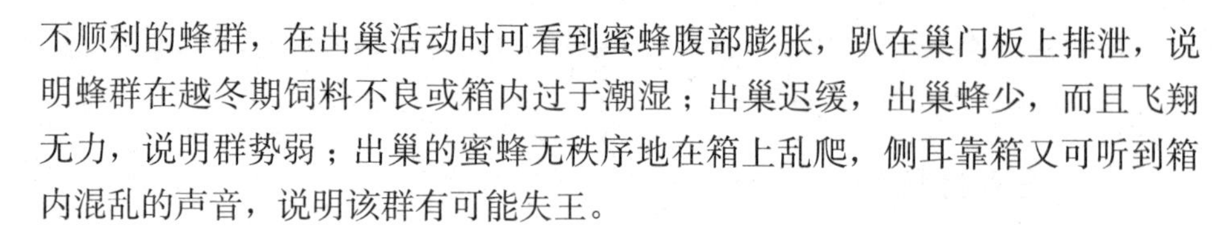

不顺利的蜂群，在出巢活动时可看到蜜蜂腹部膨胀，趴在巢门板上排泄，说明蜂群在越冬期饲料不良或箱内过于潮湿；出巢迟缓，出巢蜂少，而且飞翔无力，说明群势弱；出巢的蜜蜂无秩序地在箱上乱爬，侧耳靠箱又可听到箱内混乱的声音，说明该群有可能失王。

### （二）开箱检查

早春蜂群在经过排泄飞行后，为了及时、全面了解蜂群越冬后的情况，在天气晴暖的中午，外界气温高于14℃时，快速进行第一次全面检查，了解越冬情况。贮蜜多少、有无蜂王、产卵情况、群势强弱等（在2月中旬至3月上旬），根据检查结果采取相应的管理措施。

若失王，则补入保存的蜂王，若无多余的蜂王就进行合并；缺蜜的补充饲蜜（糖），同时饲喂花粉、盐和水；抽出多余的空脾，密集群势；并调整好每个群势；清扫箱底蜡渣和杂质；翻晒和更换保温物，为蜂群的繁殖创造有利的条件。

检查操作时动作要轻、快，以防挤伤蜂王，避免时间过久造成巢温散失（早春蜂群维持巢内中心温度34℃左右很不容易），以及引起盗蜂。要密集群势，蜂路保持1 cm（中蜂6～7 mm）。在正常情况下，不做全面检查，只做箱外观察和局部检查。

### （三）人工保温

孵育蜂儿的适宜温度是34℃～35℃之间。早春气温低，昼夜温差大，要加快繁殖速度仅靠蜜蜂自身的调节是不够的。为了使蜂巢内温度保持较稳定不易散失，减少越冬蜂的劳动强度，延长其寿命，提高哺育能力，必须采用人工保温措施。

#### 1. 调节巢门

巢门是蜂箱内气体交换的主要通道，随着气温的变化要随时调节巢门的大小。中午或天暖时，适当放大巢门利于空气交流；天冷和夜间要缩小巢门，减小巢门进风。

#### 2. 紧缩巢脾

蜜蜂喜欢密集，在早春繁殖阶段，从第一次检查开始，就抽出多余空脾，做到蜂多于脾（蜂爬满整张巢脾是蜂脾相称，略多些就是蜂多于脾），蜂路缩小到1 cm。这样做脾数少，蜂王产卵比较集中，蜜蜂密集便于子脾保温，气候突变时能防止子脾受冻，使幼虫能得到充足的哺育，发育成的新蜂体质健康。而且大量的越冬工蜂哺育少量的幼虫（几只工蜂哺育一个幼虫），培育出的新蜂营养充足、健壮，其个体寿命长。

3. 箱内保温

及时抽出多余空脾，保持蜂多于脾；在隔板外添加棉絮或干草保温物；撤掉副盖（纱盖），巢框上面直接盖覆布，覆布上加盖棉垫、报纸或草纸等保温物，注意防潮；糊严蜂箱缝隙。

4. 箱外保温

在蜂箱箱底垫 3 ～ 4 cm 厚的干草，箱后和两侧也用 3 ～ 4 cm 的干草包装严实，箱盖上面盖上草帘；晚上用草帘把蜂箱前面上半部遮盖，早晨去掉。中蜂采取单箱包装，以防外出蜂返回时迷巢和引起盗蜂。

5. 双王同箱

在一个蜂箱中放两群蜂，中间用大隔板隔严，每群各开一个巢门。适用于较弱小蜂群，可以互相取暖，便于保温。

（四）饲喂蜂群

人工饲喂是为了防止蜂群饥饿，或为促进蜂王产卵，迅速壮大群势的一种手段。为避免引起盗蜂，人工饲喂在傍晚进行。

1. 喂蜜（糖）

（1）补助饲喂

在春季气温寒冷多变、蜜粉源植物缺乏时，对饲料不足的蜂群在包装之后必须立即给予补助饲喂，保证蜂群春繁阶段饲料，促使蜂王快、多产卵。秋季对越冬饲料不够的蜂群也要进行补助饲喂，直至满足整个越冬期蜜蜂需求。补助饲喂以前一年预留的封盖蜜脾最好，若没有就用开水溶化优质白砂糖制成糖浆饲喂，糖水比为 2 : 1，饲喂时手感稍温，避免降低巢温。

（2）奖励饲喂

早春或其他繁殖期对蜂群进行奖励饲喂，是在蜂巢内饲料充足的前提下起到促进蜂王多产卵的作用。在距主要蜜源开花流蜜期前 40 天开始奖励饲喂，每天傍晚对蜂群进行少量奖励饲喂，开始以 50 ～ 100 g 为宜，之后逐渐增加。以刺激蜂王产卵积极性，直至蜜源开始流蜜。

奖励饲喂是用开水溶化优质白砂糖制成糖液饲喂，蜂蜜气味较大容易引起盗蜂，故不用蜂蜜。糖水比为 1 : 1，饲喂时手感稍温，避免降低巢温。

2. 喂花粉

在巢内保温包装的同时，每群加一张粉脾或调制花粉，若没有粉脾或花粉，用代用品。调制花粉每次喂够 2 ～ 3 天的量，防止变质。此时喂的花粉既是工蜂为泌浆饲喂蜂王必需的，还是三日龄以上大幼虫的基本食料。

3. 喂水和盐

从春季繁殖保温时开始，就给蜂群喂水，并在水中加微量的食盐。

（五）扩大卵圈

产卵圈的大小关系到蜂群繁殖的快慢。早春不可用取蜜的方法扩大产卵圈；若产卵圈偏于一端，或受到封盖蜜的限制时，要帮助蜂群扩大。

卵圈偏于一端，而工蜂能爬满巢脾时，巢脾前后调头，一般先调中间的后调两边的子脾；中间子脾大而两边子脾小时，可将子脾小的调到中间；如产卵圈遇到封盖蜜的包围时，从里到外逐渐割开封盖蜜，扩大供蜂王产卵的巢房。

（六）扩大蜂巢

春季蜂群经过恢复，新蜂不断出房，取代了越冬老蜂，蜂数迅速增加。一只越冬蜂只能哺育 1 个幼虫，而一只春季出房的新蜂能哺育 3 ～ 4 个幼虫。当外界气候温和、有零星蜜源开花时，要充分利用蜂王的产卵积极性和工蜂的哺育力，适时合理扩大蜂巢，迅速壮大群势。

扩大蜂巢，就是给蜂群添加空脾或巢础框。只要巢脾上多半的空房都产上卵，而且蜂多于脾时就可加第一张脾；第二次加脾可“脾略多于蜂”；第三次加脾要等到蜂数密集到一定程度后（蜂脾相称或蜂多于脾）再加。春季加脾本着“先紧后松再紧”的原则。中蜂喜新脾，爱咬旧脾，所以在加脾时尽量选用较新的巢脾。加空脾时先喷上温热的稀蜜水，晚上进行奖励饲喂。当外界出现零星蜜源时，充分利用中蜂泌蜡造脾能力强的特性，直接加入巢础框造脾（第二次加脾或以后）。

春繁加脾时要特别注意蜂群群势。春繁加脾，是蜂群管理中的一项很关键的技术，加得快与慢都会对蜂群的繁殖产生影响。由于蜂群群势的发展，受蜂王质量、工蜂哺育能力、饲料以及外界气候等诸多因素的影响，不是一成不变的，必须灵活掌握，适时加脾。尤其是春季加第一张脾非常重要。因为各方面条件的差异，应坚持“宁晚勿早”。加脾的原则是“前期要慢（使蜂多于脾），中期要稳（使蜂脾相称），后期要快（可使脾多于蜂）”。春繁前期加脾要加在边上（隔板内），这样不影响巢温，对幼虫生长有利，使蜂王产卵有序。繁殖后期以加巢础为主（可预防分蜂热发生）。

第一次和第二次加脾选巢脾上部有部分封盖蜜的巢脾，减轻蜜蜂酿造饲料的劳动。

（七）适时取蜜

春季经过对蜂群的饲喂和扩大蜂巢，蜂数不断增加，随着气温升高，蜜源丰富，蜜蜂采集积极性很高，喜欢把蜜贮于子脾上面，容易出现蜜压子现象。从而限制了蜂王产卵，促进了“分蜂热”的产生。所以应该随时取掉多余的蜂蜜，以免影响繁殖。取蜜在天气晴暖时进行，强群多取，弱群少取，气候稳定多取，气候不稳定少取。

（八）拆除保温物

当外界气温逐渐升高（日平均10℃以上），群势达到4框以上时，根据群势强弱，分别采取先里后外逐渐减少保温物（在4月中旬或下旬先后全部拆除）。温度低时为了促进繁殖，维持巢内恒定的育虫温度，做好保温是必要的。当外界气温逐渐升高，群势增长之后，如果不及时拆除保温物，温度过高，会加速工蜂的衰老，促进提前产生“分蜂热”，对于生产和繁殖不利。

（九）加强分蜂期管理

蜂群经过春季快速发展阶段，工作蜂增多，除了有利于采集蜜源，也开始产生“分蜂热”情绪。中蜂多在谷雨至立夏间开始第一次分蜂。

1. 扩大蜂巢和早取蜜、勤取蜜

进入分蜂期前，根据群势及时扩大蜂巢，增加产卵面积，幼虫增多，可增加工蜂哺育强度，防止“分蜂热”过早出现。早取蜜、勤取蜜既增加了蜂蜜产量，又扩大了产卵圈，能抑制“分蜂热”的过早发生。

2. 扩大巢门，加宽蜂路

随着蜂群壮大，巢内子脾和贮蜜增多，蜜蜂的活动加剧，导致巢温升高。扩大巢门、放宽蜂路，可以改善通风条件，加强巢内气体交换，也能减缓“分蜂热”产生。

3. 调整群势，调换子脾

将强群中的老熟封盖子脾调入弱群，把弱群中的幼虫脾调入强群，若分蜂热已形成，就将封盖子脾全部抽出调入弱群，能有效抑制“分蜂热”。

4. 淘汰旧脾，多造新脾

充分利用蜂群经过春季繁殖，群势强壮，群内拥有众多幼龄蜂泌蜡能力强的特点，及时加巢础造脾，扩大产卵空间。增加内勤蜂的劳动强度，转移产生“分蜂热”的能量。可以淘汰旧、劣、雄蜂房多、不整齐的巢脾，多造新脾。

5. 选用良种，更新蜂王

提前在全部蜂群中，选择不爱分蜂、能维持强群、抗病力强的蜂群作为种群，进行人工养王。当蜂群有“分蜂热”趋势时，及时换入新产卵王。

6. 有计划的早育王，早分蜂

根据蜂群的发展情况和当地主要蜜源确定具体的育王时间。育王和人工分蜂工作要在自然分蜂之前完成。新蜂王有旺盛的产卵力，可以有效控制群内出现的“分蜂热”。有计划地早育王，更换老劣蜂王，以人工分蜂增加蜂群数量，通过人工分蜂消除“分蜂热”。

7. 定期检查，毁弃王台

接近分蜂期，要每隔 3 ～ 5 天对蜂群进行一次检查，将蜂群内的自然王台毁于早期阶段，可以起到延缓或解除“分蜂热”发生的作用。为养王、人工分蜂争取足够的时间。

### （十）培育、更换蜂王

一年以上的蜂王由于生理上的衰退，蜂王信息素分泌减少，产卵力下降，容易引起蜂群产生“分蜂热”，难维持大群。新蜂王有旺盛的产卵力，可以有效控制群内出现的“分蜂热”。

春末夏初群势快速发展的中期，巢内哺育蜂过剩，在“分蜂热”发生之前，群内开始出现雄蜂，意蜂群势达到 1 ～ 2 框，中蜂群势达到 4 ～ 5 框，外界蜜粉源丰富时就可以进行人工育王（雄蜂出房，开始养王）。转地南方春繁的蜜蜂于 2 月底 3 月初油菜蜜源期着手培育蜂王。在 4 月上中旬油菜或狼牙刺、刺槐等主要蜜源期完成处女王交尾，更换老蜂王、增加蜂群数量。

人工培育蜂王采用“复式移虫”方法进行。复式移虫是把幼虫移在已经接受了的王台里育王，使第二次移入的蜂王幼虫始终浸泡在蜂王浆中，在其发育阶段得到更多的蜂王浆，培育出的蜂王体格健壮。

### （十一）中蜂咬脾及管理措施

中蜂喜新脾、厌旧脾。中蜂的清巢能力较差，而育儿区多集中在巢脾的中下部，所以这部分老化的快，咬脾也是从中下部开始。

中蜂咬脾在冬春季发生较多，蜜蜂冬季咬脾是为了防寒，便于结团，没有巢脾间隔利于保温。春季咬脾是为了驱赶巢脾上的巢虫、清除巢房内遗留的粪便和茧衣，咬掉陈旧部分巢脾重新修造，让蜂王在新巢脾上产卵。中蜂清理巢房能力较差，产过几代子的巢房残留有羽化时的茧衣，房孔变小，不利于蜂王伸入腹部、幼虫发育空间狭小。咬脾后重新修造时，连接处容易出现雄蜂房；咬脾后续造的部分与原脾平面有差别，一张巢脾的两面出现凹凸不在同一平面，脾面不整齐，增加了修理巢脾的工作量。中蜂的清巢能力差，咬脾时落下的蜡渣堆积在箱底，容易滋生巢虫。

预防咬脾的管理措施：一是保持蜂多于脾或蜂脾相称，不应脾多于蜂；二是越冬时把完整的巢脾放在两侧，半张脾放在中间，便于蜜蜂结团；三是春季繁殖时将旧巢脾的下半部分割掉，让蜜蜂重新造脾；四是充分利用蜜源期多造脾，及时更换淘汰老旧巢脾。按中蜂巢脾最多用两年，意蜂巢脾最多用三年的计划造脾。

（十二）春季蜂群容易出现“春衰”和幼虫病

早春，越冬蜂陆续大量死亡，出房新蜂少，新老蜂没有正常更新接替，哺育力不足，造成群势急剧下降的现象就是常说的蜂群“春衰”。造成春衰的主要原因是由于饲养管理不当导致的。

避免蜂群春季出现春衰的管理措施。一是前一年秋季最后一个蜜源期要尽可能培育出众多的适龄越冬蜂，越冬时要确保巢内温湿度合适、饲料充足。二是春季繁殖换脾时要换入优质饲料脾，并喂足蜜蜂繁殖不可缺少的花粉，若没有花粉须以优质的花粉代用品喂蜂，增加蜜蜂的营养，提高越冬蜂的健康水平，增强其泌浆能力，延长寿命，缓解接代时期的蜂力接续矛盾。三是早春蜂王开产前对蜂群紧脾密集群势、加强保温、供给充足的优质饲料和水，以减轻越冬蜂的劳动强度，延长其寿命，确保出房新蜂健康，使工蜂数量稳步上升，以强壮的群势进入流蜜期。四是扩群加脾，坚持“忍缓勿急”的原则。避免早春多变天气造成幼虫损伤，白白耗费越冬蜂的饲喂劳动。五是春繁初期做到蜂多于脾（至少蜂脾相称），尽量单脾或两脾起步繁殖，适当控制蜂王的产卵量。

预防幼虫病的措施。一是密集群势，加强保温。在春季气温较低时，应将弱群适当合并，缩小蜂巢，做到蜂多于脾，以提高蜂群清巢和保温能力。二是断子清巢，减少传染源。三是保证蜂群有充足的饲料，以提高蜂群对病害的抵抗能力。四是在奖励饲喂时添加抗病毒药物预防。

春季繁殖时期蜂群强弱互补的方法。早春气温低，弱群因保温和哺育力差，产卵圈扩大较慢，宜将弱群的卵虫脾抽出调给强群，重新加入空脾，让蜂王继续产卵。这样既可发挥弱群蜂王的产卵力，又能充分利用强群的保温和哺育能力。等强群新蜂陆续出房时，再将强群中开始出房的封盖子脾带幼蜂补给弱群，使其转弱为强。

## 二、夏季蜂群管理

在夏季要完成分蜂、取蜜、造脾等增收生产；更换老、劣蜂王，贮备适当的越冬饲料等工作，为蜂群秋季培育足够的适龄越冬蜂做好基础。

### （一）加强分蜂期管理

蜂群经过春季快速发展阶段，工作蜂增多，除了有利于采集蜜源，也为“分蜂热”创造了条件。多在谷雨—立夏间开始第一次分蜂。初夏蜂群还处于分蜂期阶段，对蜂群的管理同于春季分蜂期管理。

### （二）加强流蜜期管理

在流蜜期，中蜂群势一般都在10框以下，较难使用继箱取蜜，育虫区与蜜区不易分开；同时中蜂容易在流蜜前期和流蜜中期产生“分蜂热”，特别是在春末夏初流蜜期更严重。流蜜后期，又容易发生盗蜂和飞逃。

1. 流蜜期的管理

努力维持强群、组织采蜜群；控制和消除“分蜂热”；解决育虫与贮蜜的矛盾；及时取蜜；贮备蜂花粉；抓紧造脾等工作。

2. 流蜜初期要早取蜜

每种主要蜜源开始流蜜后，第一次取蜜宜早不宜迟，数量少也应早取，早取可以刺激工蜂采集的积极性，减少蜜压子圈的现象，保持蜂王的正常产卵，防止发生“分蜂热”。

3. 流蜜期其是尤流蜜期后期取蜜注意事项

坚持“强群取蜜，弱群繁殖”“新王群取蜜，老王群繁殖”的原则，解决取蜜与繁殖的矛盾。流蜜期取蜜要根据蜜源流蜜期的长短、流蜜状况、天气情况，本着早取、勤取、晚留（末期留足饲料）的原则生产。流蜜期后期取蜜要留足饲料，适当少取。后期易起盗，取蜜在下午五点以后进行。每群只抽选大蜜脾取蜜。

4. 流蜜期控制和消除“分蜂热”

适时取蜜，流蜜初期及时取出封盖蜜，促进工蜂的采集积极性；遇到连阴雨时，加础造脾、将繁殖群的卵虫脾与采集群的老熟封盖子脾对调，人为增加强群巢内工蜂的工作量；用处女王或新产卵王更换采集群中的老王；当采集群出现“分蜂热”时，利用蜜源期蜜蜂群味界限不明显的特点，与相邻的弱群互换位置，使两群采集蜂互换，削弱采集群群势，消除“分蜂热”。

### （三）流蜜期解决育虫与贮蜜的矛盾

中蜂群内，育虫和贮蜜都在同一张巢脾上，互相影响，互相限制。流蜜期为解决这个矛盾可采取以下方法：一是把采蜜群中的蜂王提出，换入处女王或成熟王台，减少巢内哺育工作，促使工蜂集中采集（用处女王群采蜜）；二是既饲养中蜂又饲养意蜂的蜂场，可用意蜂的老空脾与中蜂群内子脾相隔

布置，供蜜蜂贮蜜，待意蜂脾贮蜜 80% 后再移到巢内两侧；三是用浅继箱取蜜，浅继箱高度是巢箱的一半，先将浅继箱用的巢础（标准巢框高度的一半）加进巢箱让蜜蜂造脾，待流蜜期到来时，放在浅继箱中，供蜜蜂贮蜜。

（四）抓紧造脾

蜂群的造脾与繁殖、产蜜、泌蜡量是成正比的。巢脾质量的好坏、数量对蜂群有着直接的影响，蜜蜂泌蜡造脾受蜜源、气候、群势等因素的影响。所以应充分利用蜜源期蜜蜂泌蜡积极性高的时机抓紧加础造脾。将弱群造的不完整巢脾，及时调入强群补造。利用新蜂王组成的采蜜群造脾，速度快，可以连续造脾（两天加一张巢础），直至采蜜期结束。淘汰的老旧巢脾化蜡出售。

（五）做好蜂群的防暑降温

气候炎热时要对蜂群采取遮阳，将覆布后部折起利于巢内通风。同时对蜂箱周围洒水，并在蜂场内多处设置喂水设施，及时更换清洁水供蜜蜂采集。

（六）贮备花粉脾和蜜脾

因为早春开花植物较少，蜂王刚开始产卵时多会出现巢内缺粉，影响蜂群繁殖速度，需及时饲喂花粉。而夏季采蜜期粉源也比较充足，要收集和贮备花粉或花粉脾，收集的花粉或花粉脾保存在干燥的地方，供蜂群来年早春和粉源缺少时繁殖使用。多余的可出售增加生产收入。

抽选基本全封盖的大蜜脾保存在阴凉干燥的地方留作越冬饲料。

（七）组织采蜜群

中蜂难维持大群，一般群势达到 8 框就具备了多采蜜的条件。为了维持强群，在采蜜期不出现“分蜂热”，必须掌握当地蜜源植物的花期和泌蜜规律，加强采蜜群的管理，一个蜂场保持 20% 的繁殖群。如果主要蜜源植物花期短（10 天左右），而流蜜涌时，采蜜群以封盖子和空脾为主，不断抽出幼虫脾和卵脾，用繁殖群中的封盖脾补充，减少采集群内的哺育工作量。为避免采蜜群中出现“分蜂热”、蜜源后期群势下降，要适当保持 2 ～ 3 个幼虫脾，其他留成空脾，同时做好蜂群遮阳降温。采蜜群的群势，以不产生“分蜂热”为好（常变动在 5 ～ 10 框之间）。

## 三、秋季蜂群管理

重点做好越冬前的准备，利用秋季最后一个蜜源，尽可能多的培育出适龄越冬蜂，留足越冬饲料，调整好蜂群越冬群势。并继续蜂产品收获、更换老劣蜂王、严防盗蜂发生，使蜂群顺利进入越冬期。

（一）培育适龄越冬蜂

在当地秋季最后一个主要蜜源开始培育，根据地理位置和气候一般在8月或9月上、中旬进行，这期间蜂群管理以大量繁殖为重点。蜂王在10月中下旬停产，11月上中旬幼蜂基本全部出房，经过排泄飞行，逐渐进入越冬结团状态。秋季蜜源缺乏的地方，培育适龄越冬蜂比较困难，甚至出现群势严重下降，造成秋衰。因此，最好进行转地繁殖。没有转地条件的，要强迫蜂王早停产，提前进入越冬。

（二）留足或喂足越冬饲料

饲料是蜂群安全越冬的保证，越冬饲料一定要成熟优质，不结晶，最好用在秋季蜜质好、气味小的蜜源，流蜜期少取商品蜜，预留蜜蜂自己酿造的封盖蜜脾做越冬饲料。如果留的饲料脾不够，就需要饲喂越冬饲料，每天傍晚按照补助饲喂的浓度（糖水比为2∶1）进行饲喂，用1个或2个框式饲喂器每晚加满，以蜜蜂天亮能全部转空为标准；或采用灌脾饲喂的方法进行，将稍温的糖浆或蜜直接灌满较新的整个巢脾的空巢房，每晚每群加2～3张，第二天将转空的巢脾抽出，若不足，再灌。在保证喂足越冬饲料的前提下，争取在几天内尽快完成。

（三）调整越冬蜂群群势

在培育越冬蜂时，有意识地对蜂群进行封盖子脾调整，使全场蜂群在越冬前群势接近，保障蜂群安全越冬。

（四）严防盗蜂

根据气温变化，随时调节巢门大小，以增强蜜蜂的守卫能力，或加装防盗巢门；饲喂过程中，洒在箱盖上、箱外的蜜汁一定要用湿布擦净。洒在地上的用土盖埋，以防引起盗蜂；抽出的空脾及时消毒熏蒸并密封保存；不用的空蜂箱清理干净搬入室内。

## 四、冬季蜂群管理

创造条件，使蜂群在整个越冬期安静下来，稳定的结好蜂团处于半蛰伏状态（消耗最少的饲料，维持最低的代谢，延长蜜蜂的寿命），最大限度地降低蜜蜂体力消耗，适当遮光，以保证蜂群安全越冬。

蜜蜂结团是维持巢温、保存自身的一种自然本能。当巢内温度低于5℃时蜜蜂就集中在一起，形成一个团状，温度越低，结团越紧密，互相拥挤、互相取暖保温，抵御寒冷，蜂王位于蜂团中心。蜂团中心的蜜蜂产生热量、传递饲料，蜂团表面的蜜蜂就充当隔绝体，维持蜂团内温度不散失，外围寒气难进入蜂团。

（一）蜜蜂开始结团的外界条件

当外界温度低于8℃时，中蜂就基本停止飞翔，在不加保温物的蜂箱里，弱群一般在外界气温低于5℃时开始结团；强群在0℃左右时结团。意蜂低于12℃基本停止飞翔，低于5℃时开始结团。自北向南、自西向东，在10月上旬至11月上旬（寒露—立冬期间）陆续开始结团越冬。

（二）创造适宜条件让蜜蜂越冬

背风、干燥、安静、太阳光不易直射的地方是蜂群安全越冬的最好场地。越冬期最重要的是要给蜂群创造适宜的生活条件，使蜂箱内保持较稳定的温度。尽量保证环境温度维持在-6℃～2℃之间，并遮阳避光，保持环境安静。

（三）越冬期蜜蜂的巢温维持

蜜蜂维持巢温是一种本能，温度低于自身适宜温度时，蜜蜂便结蜂团，维持蛰伏生存温度。仅结团还不能抵御寒冷时就靠工蜂食蜜、增加摩擦活动来提高巢温。温度高于结团适宜温度时蜜蜂就会散团。

（四）越冬期温度变化对蜂群的影响

气温过低时，蜜蜂虽尽力结团还达不到适宜的温度时，就会大量食蜜，增加活动，不断努力提高巢温，最后耗尽饲料，全群冻、饿而死。气温过高，蜂团散开，温度再下降时有可能结两个团，分散了蜜蜂的保温能力，会冻死蜜蜂。工蜂为调节忽高忽低的温度，就要增加活动，耗蜜很多，体力消耗过大，后肠积累的粪便提前增多，导致越冬后期蜜蜂表现不安，提前排泄，寿命缩短，给早春繁殖造成困难，出现春衰现象。

（五）中蜂越冬包装时注意事项

中蜂比西方蜜蜂耐寒，包装不宜过早。甘肃由北向南、由西向东在小雪（11月20日）—大雪（12月10日）前后外界最低温度-10℃左右时进行简单外包装。外界气温不低于-15℃时，不宜包装过厚，坚持“宁迟勿早，宁冷勿热”的原则。

整个越冬期如果没有特殊原因，对蜂群不进行开箱检查。蜂群的越冬情况根据箱外观察来掌握。一是听诊。隔几天用手指轻敲箱壁附耳听，若蜂群立即发出“嗡嗡”声，马上又安静下来，说明正常；如果引起长时间的喧闹，根据判断的情况进行检查处理。要经常把箱底的死蜂从巢门钩出，保证箱内空气流通。二是失王。外界气温在0℃以下时蜂群出现秩序乱、散团、巢门口有蜜蜂进出抖翅，可初步断定失王。在晴暖的中午开箱检查，若是失王，及时诱入贮备的蜂王或与有王的弱群采用间接合并法。三是缺蜜。在越冬期，由于群势、包装、场地等原因蜂群可能发生缺饲料的现象。若缺饲料，可在蜂团外侧加1～2张蜜脾，蜜脾先适当温热。同时抽出多余的空脾，调整好蜂路。对还未饿死的蜜蜂向其身上喷温热的稀蜜水，待复苏后再用蜜脾换出空脾。四是喂水。空气过于干燥时，饲料会出现结晶、蜜蜂取食封盖蜜时也需水分稍加稀释，若没有水分补充，蜂群也会出现骚动不安、出巢采水，受冻无法返巢。所以在越冬中后期要对蜂群采取巢门喂水的方法进行喂水。五是鼠害。听诊时发现蜂群喧闹不安，掏出的死蜂缺头少翅并有巢脾碎块，可以断定有鼠害，需开箱检查，采取相应的措施处理。

# 第二部分　疫病防控

# 第六章 河蟹的病害防治

## 第一节 河蟹疾病发生原因

大水面放流河蟹，河蟹生病较少见。近几年来，随着河蟹养殖业不断发展，养殖规模和密度不断扩大，水质容易恶化，饲料投喂质和量控制均有难度，病害发生越来越多，越来越严重。

### 一、池塘条件

不少养蟹专业户利用旧鱼池养蟹，这种池底腐殖质多，硫化氢含量高，清池消毒不彻底，进排水不配套，这种池塘若不改造，养殖河蟹易发病。

### 二、体质和品质退化因素

体质是河蟹病害发生的内因，不同体质的河蟹抗病能力不一样，体质好的河蟹，对细菌、病毒的免疫力和抵抗力强，发病率低。因此，选购蟹苗时要选择体质健壮、无病、无伤的蟹苗放养，剔除背部、腹部、步足有黄黑斑点以及肝胰腺变色的蟹苗。南北的品种交错养殖：各种水系的品种在全国市场到处流动出售，各品种对不同水系的地理环境及特点适应性较差，改变了生态环境，引起了各种疾病发生，如早熟、上岸不下水、个体差异显著等都表现出来。

### 三、池塘水质因素

#### （一）养殖水质空间因素

养殖水体是河蟹活动场所，俗话说“宽水养大鱼”，即明确地表明了水体空间小时，会抑制其生长和发育，体质也变弱。水体空间小，病原体的活动空间也小，就会增加其感染的机会。空间实际上与养殖水域面积的大小和水位的深浅有关。面积小，水位浅，池塘抗衡自然因素能力弱，从而直接影响河蟹的健康。但河蟹养殖也并非水面越大、越深就越好，一般面积为 6666.67m$^2$（10 亩），高温季节水深能达到 1.5 m 即可。

（二）水质因素

水质较差，水源不好。不少精养池塘无天然水源，而引入水的水质也很差，很少有新鲜水换入，加上平时大量投饵，水质偏酸，溶氧量低，造成水质恶化，大量有害细菌及原生动物滋长，使河蟹患病不蜕壳。

水温：河蟹适宜生长水温在 22℃～ 28℃，超过 32℃，摄食受到严重影响，体质变弱，易被病菌感染。水温过高河蟹易形成钻、厌食、上岸等高温综合征，高温季节的中午河蟹在水草上蜕壳时，还很容易造成蜕壳不遂而死亡。

pH：河蟹适宜 pH 一般在 7.5 ～ 8.5，当 pH 低于 7 时，致病微生物繁殖速度加快，同时，血液载氧能力下降，造成机体缺氧，体质减弱，因而容易患病。当 pH 高于 9.0 时，易使河蟹鳃破坏，形成灰鳃、黑鳃，从而发病死亡。

溶解氧：河蟹溶解氧一般要求在 5 mg/L 以上，当低于 3.5 mg/L 时，其食欲减退，消化率降低，体质变弱，容易发病，还会出现上岸不下水现象。其他：氨氮、亚硝酸盐是致病菌繁育的温床，它们含量高时，河蟹就会发病。另外，非离子氨和硫化氢对河蟹有直接的毒害作用。

底质因素：底质包括土壤和淤泥两部分。淤泥是由生物残骸、残饵、粪便、各种有机碎屑以及无机盐、黏土等组成，长期不清淤，池底有机物含量增高，在池底逐渐形成一层黑色淤泥，在低氧条件下发酵分解，放出大量有毒有害物质，同时耗氧。实践证明，常年容易发生疾病的蟹池，经过清淤后，发病率即可明显下降。

## 四、人为因素

（一）放养密度过大

一般每 667m$^2$（亩）放 200 千克每只左右的蟹苗 500 ～ 600 只为宜，有的农户每 667m$^2$ 放养已经超过 1 200 只，增大了河蟹发病的概率。

（二）大量投喂饵料造成饵料浪费、败坏水质

投饵要坚持“四定”投饵原则，同时结合池塘实际和天气情况灵活掌握，不能千篇一律。部分蟹农不论天气是晴是雨、气压是高是低、池塘当天是否用药或泼撒生石灰以及池塘水质状况等，投饵量只增不减，造成饵料浪费、

败坏水质。

（三）饵料投喂不科学

河蟹养殖，饵料是关键，在养殖过程中，要严把饵料质量关，按前期精、中期粗、后期精为原则。如果人工饵料中营养不全，缺少钙质，长期投喂会使河蟹得软壳病或甲壳钙化成空洞，如缺少维生素C，河蟹会生黑鳃病。如饵料投喂不足，河蟹不但自相残杀，而且小蟹长时间吃不到饵料变成懒蟹，但是饵料投喂量过大，残剩过多，会使水质败坏，造成生态失衡使蟹生病。所以饵料的品种、质量、投喂量等是否科学，会直接影响河蟹的生长和蜕壳。目前不少养殖专业户简单地以糠皮、饼类投喂，或有时又投喂大量小杂鱼、烂虾等，结果生病频繁，这都是不科学的。

（四）使用含大量病原体的水源或水质恶化的水源

随着河蟹养殖的发展，养殖区域不断扩大，由于养蟹户大都是自发的，缺少统一管理，养殖区内进、排水沟渠严重被水花生、淤泥堵塞，高温季节尤为明显。沟渠内水发红、发黑，甚至发臭，池内不加水还好，加这种水后河蟹反而会发生死亡现象。

（五）防病治病不及时，用药不对症

目前大部分养蟹专业户，对河蟹的防病治病不重视，总认为养蟹的技术性不强，凭一两年的养殖经验就大面积养殖，河蟹有病不防治，严重时才四处求治与购药，病入膏肓哪能一治就好，所以平时病害防治不能放松。

（六）种蟹捕捞后暂养时间太长

种蟹捕捞后在数月内高密度储蓄等待出售，以及出售地点长短不等，大部分辽蟹与长江水系蟹交错出售养殖，使蟹种严重受伤，一般表面看不出，实际脚尖处被擦破发黑，待4—5月份水温升高时细菌等病原菌感染，有时不能蜕壳，有时患败血症，死亡率达90%以上。

（七）水草及隐蔽物

河蟹养殖池中，应该有40%～50%的水草或隐蔽物覆盖水面，平时饵料不足时，水草可作为辅助饵料，蜕壳时可作为蜕壳场所和防敌场所，特别在炎热的南方，池水较浅，水温会急速上升，河蟹长时间处在高温水中（水温28℃以上时），会提早成熟。因此在广东、福建一带，如果河蟹养殖按其生理生态，管理得当时，生长期长，饲养一年，应该个体长得又大又好。

# 第二节 常见河蟹疾病及防治

河蟹常见的病害主要分为三种类型，即寄生虫疾病：如黑鳃病、蟹奴病、纤毛虫病、肺吸虫病；病毒性疾病：如颤抖病；细菌性疾病：如水肿病、肠炎病、甲壳溃疡病、弧菌病、肝坏死病、烂肢病、蜕壳不遂病。

## 一、黑鳃病（俗称“叹气病”）

（1）症状：鳃部感染并发生病变是该病的主要特征，蟹的鳃部颜色由红色、棕色变成黄色、黑色或蓝色，或鳃部肿胀，鳃丝上黏液增多，严重时鳃丝萎缩、糜烂和坏死等。病情轻时鳃丝部分呈暗灰色或黑色，严重时则鳃丝全部变为黑色。病蟹行动迟缓，呼吸困难，呈叹气状，故该病俗称“叹气病”。轻者有逃避能力，重者数小时几天或内死亡。该病多数发生在成蟹养殖后期，尤以大规格河蟹容易发生。

（2）病因：该病多发生在7—9月的高温期，即成蟹养殖的后期。

一般认为，水环境条件恶化、营养缺乏、细菌滋生、滥用药物是该病发生的主要诱因。有机碎屑、残饵、粪便等引起水中氨态氮和亚硝酸盐浓度过高、pH长期偏低，加之污染导致重金属离子浓度偏高，引起鳃丝中毒，淤泥中的菌团以及细微的泥沙颗粒黏附于鳃丝，导致其感染、伴有污物，引起黑变。长期的阴雨天引起的应激反应、饲料中维生素C缺乏致使河蟹免疫力下降，也会引起鳃丝黑变。但也有人认为，池底淤泥是造成发病的主要原因。

（3）预防措施：定期加注新水，保持水质清新。及时清除残饵，定期使用“金康达底改专家”或“底改王”对底泥进行清理消毒。在饲料中添加维生素C和增强河蟹免疫力的产品。

（4）治疗方法：①每667 $m^2$（亩）水体水深1 m用“菌毒净”250～300 mL全池泼洒隔日1次，连用2次，或用8%二氧化氯100～150 g，全池泼洒，连用2次；②用“克菌威”100 g+、“菌克”100 g+、大蒜素100 g混合后，拌饵料20 kg投喂，连喂5～7天。

## 二、蟹奴病

（1）症状：蟹奴是专门寄生在河蟹腹部（胸板）或附肢上的一种寄生虫，

长 2 ～ 5 mm，厚约 1 mm，体扁平，圆枣状，乳白色或半透明，以吸食蟹体液为生。幼体时能钻到蟹腹部，有时遍布蟹体，甚至进入内脏。一只河蟹身上寄生的蟹奴数量少则 3 ～ 4 个，多则 20 ～ 30 个。发病季节一般是 7—10 月，9 月是发病高峰。该病虽不会引起蟹大量死亡，但病蟹生长缓慢，性腺发育停止。蟹奴寄生严重时，能使蟹肉变臭而不能食用，故此时的河蟹又称“臭虫蟹”。该病易在含盐量较高（盐度在 1% 以上）的池塘中发生，尤以沿海滩涂的蟹养殖区发病率较高，在太湖围网养殖中也时有发生。

（2）防治措施：①放苗前彻底清塘，用漂白粉和药物杀灭塘内蟹奴幼虫；②有发病预兆时，彻底更换新水，降低池水盐度，可减少蟹奴的扩散。

## 三、纤毛虫病

（1）症状：发病初期，蟹体表长有黄绿色及棕色毛状物，活动迟缓，对外来刺激反应迟钝，手摸体表有滑腻感黏液。用显微镜可观察到钟形虫、累枝虫等纤毛虫类原生动物及绿藻。发病中晚期，蟹体周身被厚厚的附着物附着，引起鳃丝受损，呼吸困难，继发感染细菌病，导致河蟹食欲减退，甚至不摄食，生长发育停滞，体质虚弱难蜕壳，引起河蟹幼体大量死亡。该病一般发生在河蟹幼体期，也可能发生于养成期。该病具有病程长、累计死亡率高等特点。

（2）病因：病原主要是纤毛虫门类中的聚缩虫，此外，还有钟形虫、单缩虫、累枝虫、腹管虫和间隙虫。池水过肥、长期不换水是导致该病发生的原因。该病主要是池塘条件受限导致的，放养密度过大、残饵过多、污染严重、水中有机质含量偏高、pH 较低，造成养殖池水极度营养化，致使纤毛虫及丝状藻大量滋生、繁殖，特别是在每年的 7—9 月高温期，大量纤毛虫及丝状藻附着于蟹体上，严重影响了蟹的正常生长发育。

（3）预防措施：①保持水质清洁和合理的放养密度是最有效的防治方法；②做好正常换水工作并用生态制剂调节池水，投喂优质饲料，投喂量适宜，排水时及时捞去池中残饵；③定期重点监测氨态氮浓度、pH，一旦发现超标，立即换水。

（4）防治方法：①发现该病后用每 667m$^2$（亩）水体水深 1 m“干纤净”40 ～ 100 mL，病情严重的可隔日再用 1 次；②每 667m$^2$（亩）水体水深 1 m 用“菌毒清”80 ～ 100 g 撒于全池，连用 2 次；③使用“应激硬壳素”促进河蟹蜕壳，防止纤毛虫危害。

## 四、肺吸虫病

（1）症状：河蟹感染囊蚴后，行动迟缓，甚至死亡。

（2）病因：肺吸虫病是一种人畜共患病，由肺吸虫引起。肺吸虫一生有3个寄主：淡水螺为第一中间寄主，肺吸虫尾蚴寄生在其体内；河蟹为第二中间寄主，尾蚴侵入河蟹体内形成囊蚴；人和动物（犬、猫和野生动物）是肺吸虫的终宿主，囊蚴侵入其体内并最终发育为成虫。

（3）防治方法：①不使用动物类便直接肥塘；②投放河蟹前先进行消毒；③放蟹苗前清塘，杀灭塘内肺吸虫幼虫；④经常检查，发现肺吸虫后，立即将病蟹取出，并用杀虫药物全池泼洒。

## 五、颤抖病

（1）症状：病蟹摄食减少或不摄食，蜕壳困难，活动能力减弱或呈昏迷状态。随着病程发展，步足爪尖变枯黄，易脱落；螯足下垂无力，连续颤抖，口吐泡沫，不能爬行，该病因此而得名。有时可见病蟹步足收拢，缩于头胸部抱成一团，或撑开爪尖着地，若将步足拉直，松手后又立即缩回，故也有人称之为“环腿病”或“弯爪病”。解剖蟹体，可见体内积水，肌肉萎缩，鳃丝发黑或呈黄色，三角膜肿胀，肠胃无食。该病对河蟹危害极大，发病较快，死亡率也高，病程从症状出现到濒死仅2～3个月。主要危害体重100 g以上的2龄蟹，当年的1龄蟹发病率较低。

（2）病因：该病由小核糖核酸病毒感染引起，与养殖环境、生态条件恶化有直接关系。该病发病率和死亡率都很高，是危害河蟹最严重的一种蟹病。

（3）防治方法：该病目前尚无特效药，以预防为主，防重于治。以生态防病为主，药物治疗为辅。治疗采取外泼药物和内服药物相结合的方法。每年3～11月为颤抖病的主要发病季节，一般在发病季节之前每亩用98%晶体美曲膦酯（“敌百虫”）350 g，用大量池水稀释后均匀泼洒，一般1次即可，若发病严重，隔15～30天再用1次。也有发病后用美曲膦酯（“敌百虫”）治疗的，再结合调水、改善环境，有一定效果。

## 六、水肿病

（1）症状：病蟹腹脐、鳃丝水肿以及背壳下方肿大呈透明状，病蟹匍匐池边，活动迟钝或不动，拒食，最终在池边浅水处死亡。该病主要危害幼蟹和成蟹。发病率虽不高，但受感染的蟹死亡率可达60%以上。夏、秋季为其主要流行季节。该病流行时的适宜温度是24℃～28℃。

（2）病因：主要是因蟹腹部受伤后被假单胞菌感染而引起的。预防措施：在河蟹养殖过程中，尤其是在蜕壳时，尽量减少对其惊扰，以免受伤。夏季经常添加新水，投喂优质河蟹配合饲料。每 10 ～ 15 天调水改底 1 次，每月消毒 1 次。

（3）治疗方法：①每 667m$^2$（亩）水体水深 1 m 用“毒菌净”250 ～ 300 mL 撒于全池；②用“氟尔康”100 g+、“克菌威”125 g，拌饵料 25 kg 投喂，连续投喂 4 ～ 5 天；③用 25% 大蒜素 100 g 拌饵料 20 kg 连续投喂 4 ～ 5 天。

## 七、肠炎病

（1）症状：病蟹摄食不振，行动迟缓，体表清白，打开腹盖，轻压肛门，可见黄色黏液流出。该病主要发生在成蟹养殖中，一般发病率不高，但死亡率可达 30% ～ 50%。不死的蟹，肥满度与商品价值均会降低。

（2）病因：水质差，饵料变质引起细菌感染或摄食某些藻类中毒引起。

（3）预防措施：① 1 龄蟹种越冬时，须培肥水质，适时补充饲料以加强幼蟹营养；②定期调水、改底，改造环境；③使用优质饲料，或定期使用药饵，能有效预防肠炎病。

（4）治疗方法：①全池撒生石灰，每 667m$^2$（亩）水体水深 1 m 用量为 20 kg，或用二氧化氯全池泼洒（用量参见产品的使用说明书）；②用 25% 大蒜素 100 g，拌饵料 20 kg 连续投喂 4 ～ 5 天。③调水、改底，改善环境。

## 八、甲壳溃疡病

（1）症状：河蟹的甲壳溃疡病又名褐斑病、甲壳病、腐壳病、锈病。病蟹步足尖端破损，成黑色溃疡并腐烂，然后步足各节及背中、胸板出现白色斑点，斑点的中部凹陷，形成微红色并逐渐变成黑褐色溃疡斑点，这种黑褐色斑点在腹部较常见，溃疡处有时呈铁锈色或呈火烧状。随着病情进展，溃疡斑点扩大，互相连接成形状不规则的大斑点，中心部溃疡较深，甲壳被侵袭成洞，可见肌肉或皮膜，导致河蟹死亡，并造成蜕壳未遂的症状。该病对幼蟹、成蟹均可造成危害，发病率较高，发病率与死亡率一般随水温的升高而增加。由于该病的病原菌多，分布广，故流行范围亦较大，任何养殖水体均可能发生。

（2）病因：该病的病原体是一群能分解几丁质的细菌，如弧菌、假单胞菌、气单胞菌、螺菌、黄杆菌等。因机械损伤，其他一些细菌感染、营养不良和环境中存在某些重金属化学物质，可造成蟹表皮破损，具有分解几丁质能力的细菌侵入外表皮和内表皮而导致该病发生。如果溃疡达不到壳下组织，在河蟹蜕壳后就消失，可导致其他细菌和真菌继发性感染，引起其他疾病的发生。

（3）预防措施：①在蟹的饲养、捕捞与运输过程中，操作要细心，防止蟹受伤；②饲料营养要全面，水质避免受重金属离子污染；③易发病池应适当降低放养密度；④夏季经常加注新水，保持水质清淡，使池塘有 5 ～ 10 cm 的软泥；⑤每 10 ～ 15 天用生物制剂调水或改底 1 次。每月消毒 1 次水体。⑥发现病蟹及时隔离治疗。

（4）治疗方法：①每 667m$^2$（亩）水体水深 1 m 用 8% 二氧化氯 100 ～ 150 g 撒于全池或“菌毒净”250 ～ 300 mL 全池泼洒；②用“克菌威”100 g 拌饵料 20 kg，连喂 7 天。

## 九、弧菌病

（1）症状：患病河蟹幼体的主要症状为幼体体色混浊、行动迟缓、反应迟钝，尤其是趋向反应不明显，肠内无食物，大多数沉于水底死亡。患病的成蟹身体瘦弱，行动缓慢，腹部和附肢腐烂，体色变淡，呈昏迷状态。该病在 8—9 月高温期间死亡率较高。受感染的河蟹 1 ～ 2 天就发生死亡。发病严重的蟹池底部可见一层红色的菌落。在显微镜下可见病蟹的体液或组织中有大量活动着的弧菌，并且呈团块状，不断上下翻滚。抽出血淋巴液检查，可见血细胞和细菌聚结成不透明的白色团块，以鳃组织居多。河蟹幼体的体表也有大量的革兰氏阴性杆菌，以复眼表面为甚。该病主要危害河蟹幼体，对成蟹也有不同程度的危害，表现为烂肢病、水肿病等。该病多数发生在高温季节，死亡率可达 50% 以上。

（2）病因：该病由受伤河蟹的创口继发感染多种弧菌所致，如副溶血性弧菌、鳗弧菌、创伤弧菌、溶藻弧菌等。副溶血性弧菌是很普通的一种弧菌，是导致人类食物中毒的致病菌，为革兰氏阴性短杆菌，大小为（0.4 ～ 0.8）μm×（0.6 ～ 2.0）μm，菌体一端有单鞭毛、运动活泼。

（3）预防措施：①彻底清塘，并适当降低养殖密度；②尽量小心操作，避免蟹体受伤；③及时更换新水，保持池水清新，以防止因有机质增加而引起亚硝酸盐和氨态氮浓度升高；④发病期间应适当减少人工饵料投喂量；⑤育苗池和育苗工具要用漂白粉或其他消毒剂彻底消毒。

（4）治疗方法：①用调水、改底等生态制剂改善水体、底质环境；②每 667m$^2$（亩）水体水深 1 m 用“金康达噬菌王”200 ～ 300 mL，50 倍稀释后均匀泼洒；③用保肝护胆中草药制剂拌饵料投喂。

## 十、肝坏死病

（1）症状：病蟹肝脏呈灰白色，有的呈黄绿色，一般伴有烂鳃症状。

（2）病因：该病由嗜水气单胞菌、迟钝爱德华氏菌、产气菌、弧菌等病原体侵袭引起，也可由饲料霉变和底质污染引起。

（3）预防措施：注意饲料的质量，定期采用“肝胆康”拌饵料，投喂预防，每 15 ～ 20 天使用一次，还可添加“肝立舒”或低聚糖。

（4）治疗方法：①每 667$m^2$（亩）水体水深 1 m 用“菌毒净”250 ～ 300 mL；②用“护肝泰”200 g+、“氟尔康”100 g+、维生素 C 50 g，拌饵料 20 kg 投喂，连用 5 天。

## 十一、烂肢病

（1）症状：病蟹腹部及附肢腐烂，肛门红肿，行动迟缓，摄食减少甚至拒食，最终因无法蜕壳而死亡。

（2）病因：在放养、捕捞和运输的过程中，蟹体受伤或者在生长过程中被敌害致伤，引起病菌感染所致。

（3）预防措施：在放养、捕捞、运输过程中勿使河蟹受伤，以免被细菌感染。

（4）治疗方法：①全池撒生石灰，每 667$m^2$（亩）水体水深 1 m 用 20 kg，连施 2 次；②用碘制剂泼洒。

## 十二、蜕壳不遂病

（1）症状：病蟹头胸甲后缘与腹部交界处出现裂缝，背甲上有明显的斑点，病蟹全身变成黑色，蜕出旧壳困难，最终因壳蜕不下而死亡。

（2）病因：该病是一种生理性疾病，由于饲料中缺乏矿物质或生态环境不适而致。此外，蟹受寄生虫感染或细菌感染亦可导致蜕壳困难。

（3）预防措施：①保持良好的水质是防病最基本、最有效的措施，根据蟹的蜕壳特点及蜕壳周期应设法调节好池水水质，定期投放“金康达调水专家”或“金康达底改专家”，以保持良好的水体环境和充足的溶解氧含量；②每月每 667$m^2$（亩）水体水深 1 m 用生石灰 10 ～ 15 kg，全池撒 1 次，以增加池塘中的钙含量；③每 667$m^2$（亩）水体水深 1 m 用“菌毒清”80 ～ 100 g 消毒，以改善水质、杀灭水体中的病原菌，同时能起到刺激部分适龄蟹提前蜕壳，促使河蟹蜕壳期分开。此外，严防外源性污染及外病原菌感染；④蜕壳期间严禁加水、换水，保持水体环境安静；⑤在养殖池中移植适量水草，便于蟹攀爬、固定身体，为蟹蜕壳提供外部条件。

（4）治疗方法：①用蜕壳促生长素 100 g 拌 40 kg 饲料投喂，或配合饲料中的蜕壳素加量，以促进蜕壳；②每亩水体水深 1 m 撒磷酸二氢钙 1 kg；③使用“应激硬壳素”均匀撒于全池。

## 十三、敌害生物的防治

### （一）鱼类

在天然水域中，对河蟹危害最大的鱼类是底层的肉食性鱼类，如乌罐、舱鱼和黄额鱼等。在人工养殖鱼类中，鲤、鲫、罗非鱼、草鱼等会捕食幼蟹和软壳蟹，或者和河蟹争夺饵料，均不同程度地对河蟹的生存和正常生长构成威胁。

池塘养殖河蟹时，无论是培育幼蟹，还是养殖成蟹，都必须认真做好清塘消毒工作。将池中的鱼类捕净后，用药物彻底清塘消毒，以杀死池中的野杂鱼和敌害生物。池塘进、排水时，一定要严格过滤，防止鱼类进入养蟹水域。投放水草时，一定要冲洗干净，将附着在上面的野杂鱼卵彻底冲洗掉后方可投喂。

利用天然水域进行河蟹养殖时，如围栏养蟹、河沟养蟹，应先将养殖水域中的各种鱼类彻底清除后方能放养。

池塘鱼蟹混养，应特别注意，不能放养乌鳗、舱、斑点叉尾鲫、罗非鱼等鱼类。对放养的其他鱼类，应定时、定量、定质、定位投饵驯化，使它们集中上浮摄食，并让其吃饱，避免和河蟹争食。

### （二）蛙类

青蛙和蟾蜍对河蟹的危害主要是在幼蟹培育阶段。当幼蟹爬上岸觅食或聚集在岸边湿土上或爬行到漂浮性水生植物上时，常被青蛙吞食。

在幼蟹培育阶段，应在养殖水域的防逃装置外侧建一道防蛙装置。即用网将养殖区域围起来，高度达 80 cm 以上，使青蛙和蟾蜍无法进入养殖区内。对养殖区内剩余的蛙类，可在夜间用手电照射，人工捕捉并移到其他稻田中。在养殖水域中发现蛙卵块及蝌蚪，要随时捞出，置于岸上暴晒。

### （三）鼠类

鼠类在河蟹养殖生产中的危害主要有两个方面。一是直接捕食河蟹；二是掏垮池埂、咬破网箱，引起漏水逃蟹。

危害较严重的鼠类是个体较大的褐家鼠，不但能吞食上岸觅食的幼蟹，还捕食在浅水中蜕壳的河蟹，咬死咬伤的数量更多。水老鼠捕食河蟹比老鼠更凶猛，即使是十分强壮、甲壳坚硬的成蟹，往往也全被被水老鼠咬穿背甲，将内脏吃光。水老鼠还具有潜水能力，能将设在离岸边数十米远的网箱咬破，钻进去吃幼蟹。鼠类危害时间主要在夜间。集中在两个阶段，第一是幼蟹和蟹种刚投放的一周内，养殖水域缺乏饵料、河蟹上岸觅食时，或水质恶化，河蟹大批上岸外逃时；第二是每年 9 月份以后，完成最后一次蜕壳的河蟹进行生殖洄游时。河蟹在夜晚上岸后，大都集中在防逃装置基部，一旦被老鼠发现，即会引来大群老鼠对河蟹进行捕食。

幼蟹或蟹种放养前，结合药物清塘消毒进行灭鼠。采取堵塞鼠洞，用鼠夹、鼠笼、电猫等器械捕捉、药饵诱杀等方法进行灭鼠。幼蟹放养后，不可用药饵灭鼠，以防毒死河蟹，可采用器械捕鼠。在养殖期间，一方面捕鼠，另一方面要注意观察水质变化情况，防止池水缺氧及水质恶化，同时投饵要均匀，尤其要增加投放青饲料及漂浮性水生植物。这样就可大大减少河蟹上岸的次数，以减少老鼠对河蟹的伤害。

（四）蛇类

水蛇及陆地上许多蛇，都是较凶猛的肉食性动物，常于夜间出来捕食幼蟹及软壳蟹，是河蟹的天敌。在河蟹放养前，结合药物清塘消毒，使用硫黄粉，可将蛇驱赶出养殖水域。其方法：每 667 $m^2$（亩）池塘用硫黄粉 1.5 kg，分两次使用，每次各一半。第一次将硫黄粉撒在池埂四周，药失效后用余下的药再撒一次即可。稻田养蟹用药量每 667 $m^2$（亩）用硫黄粉 2 kg。先用总量的 1/4 沿养蟹沟边撒，再将剩余的硫黄粉分成两份，分别撒于田中和田埂四周。这样不但可以驱赶水中及附近的蛇类，而且还可防止蛇类进入养殖区。

（五）鸟类

部分水鸟如翠鸟、鹭鸶等常啄食河蟹，幼蟹和软壳蟹最易受到伤害而死亡。预防鸟类的方法：一是人为喊叫驱赶；二是在池中扎草人驱赶；三是用鼠夹捕捉。用鼠夹捕捉的方法是：在蟹池中竖立一根木桩，木桩露出水面约 50 cm，在木桩顶端固定木底根的老鼠夹一只，并将鼠夹上放置诱饵的装置改成为一块 4 cm×3 cm 的薄铁片。每当水鸟飞到蟹池摄食时，必先要停在木桩上观察“猎物”，当它啄起河蟹后，也会到木桩上停歇，一踏到薄铁片，就会被夹住，可将其取下，再捕捉第 2 只鸟。

（六）水蜈蚣（龙虱幼虫）

水蜈蚣俗称水夹子。有一对钳形大颚，对蟹苗和幼蟹危害较大。放养蟹苗前必须用药物彻底清塘消毒。注水时用40目筛绢网严密过滤。如果池中发现水蜈蚣，可用灯诱集，用小捞网捕捉。

## 十四、河蟹繁殖期间的几种疾病特征

河蟹繁殖期间有以下几种疾病特征：

1. 抱籽亲蟹的掉卵

抱籽亲蟹在升温催熟过程中发育的卵不断掉落，有时亲蟹自食其卵，这使抱卵率大受损失，这是水环境因子中的pH及重金属离子污染和水温等引起。自食是因缺乏适口的饵料及微量元素钙和维生素C引起的。

2. 溞状幼体Ⅰ～Ⅱ期变态时

幼体不开口进食，发生第一次大量死亡。这主要是引用的水老化，投喂的藻类也不适口，并有部分溢状幼体变态畸形等引起死亡。

3. 溞状幼体向Ⅳ～Ⅴ期变态时

发生第二次大批死亡。这主要池底残饵增多，霉菌快速生长，氨氮、亚硝酸盐、硫化氢等有害物质产生，pH升高，原生动物中的聚缩虫、纤毛虫生长增快所致。

4. 溞状Ⅴ期变大眼幼体

变态不过来，第三次大批死亡。这时细菌中的弧气单胞菌大量发生，这是超标使用抗生素，产生耐药性，以及饵料质量不佳等导致死亡。

5. 大眼幼体第3～4天淡化过程中死亡

主要是用饵料不适，细菌肠炎发生，对快速淡化水不适应，有的使用深井水不经过暴晒增氧等措施而引起死亡。

6. 大眼幼体出售前的大批死亡

这主要是不少饲养者为提高产量大量使用大型卤虫和淡水冷冻水涵及人工加工的配合饲料不当等引起的死亡。

7. 幼蟹（豆蟹）Ⅰ～Ⅴ期时

爬上岸不下水症：目前发病死亡率最高的是Ⅰ期蜕皮后向Ⅱ期幼蟹过渡时，在水中不吃食，爬上岸边及水草上不下水，如拨下水后，便会立即死于水中，现已在全国各地普遍发生，死亡率高达95%。经调查这主要是鳃丝感染细菌性疾病，蜕皮时未蜕下鳃丝旧皮，另外鳃丝长有纤毛虫、pH忽高忽低、淡化速度过快等因素，造成Ⅰ期幼蟹生病而死亡。

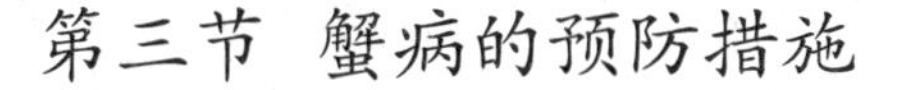

# 第三节 蟹病的预防措施

## 一、构建良好的生态环境

不论是哪种养蟹方式，都应选水量充沛、水质清新、溶解氧含量足、饵源丰富等符合我国渔业水域水质标准的水体养蟹。在放养河蟹前都要采取有效措施对蟹池认真消毒。无数事实证明，凡是草多、草好、水深面阔的蟹区，都很少流行蟹病。水草能净化水质，增加溶解氧含量，改善生态环境，减少病害，此外还可作为河蟹的隐蔽物。对已有水草的蟹区要优化结构，调控覆盖面积，使沉水植物、挺水植物和浮水植物占总水面的 50% ～ 70%。对没有水草的蟹区，在清塘消毒后要尽早栽种合适的水草。

## 二、选择优质蟹种并做好蟹体消毒工作

好的苗种是养好蟹的前提和基础。应选择无病、健壮的优质蟹种。特别要注意海淡水污染严重地区的河蟹育苗场和近海地区旧的蟹种场，这些场繁育的河蟹苗种生病较多，选用时应慎重考虑，严格把关。

做好蟹体消毒可有效杀灭附着在蟹种体表的各种病原体，降低发病率。在蟹苗下池前要用合适的药物进行消毒处理。常用 2% 的稀释盐水浸泡 5 ～ 10 分钟，消毒时根据蟹种的大小、体质、温度及所用药物的安全浓度灵活掌握，切不可超量用药或滥用药。

## 三、增强蟹体抗病力

许多蟹病是因人工饲养管理不善而引发的。在饲养过程中，不但要注意饵料营养全面、配比合理，而且还要选用科学的投饵方法和掌握适当的时间。在饲养管理中要求做到“四看四定”：“四看”即要根据天气、水质、河蟹的活动和吃食情况，适当调整投饵量；“四定”即定点、定时、定量、定质。定点：要求在固定的食场投喂，这样可掌握吃食情况，又易于了解河蟹的生长情况。定时：要求根据不同的季节和河蟹的规格调整投饵时间和次数。既要考虑河蟹的摄食时间，又要考虑饵料在河蟹体内的消化吸收时间，使每次投饵的时间间隔适中。定量：要求投饵前应根据河蟹各生长阶段的投饵率以及

前次投饵的吃食量灵活调整，确定投饵数量。定质：要求按河蟹不同生长阶段的营养需要合理配制饲料。

除做好放养前的蟹体消毒外，还要定期进行药物投喂，做好蟹病预防工作，不但效果好，而且简单易行。因为大多数蟹病的流行都有一定的季节性，因此掌握发病的规律，及时而有计划地在蟹病流行季节前投喂药饵，可有效增强河蟹的抗病力，这是预防疾病发生的一项有效措施。添加的防病药物，最好以促进消化吸收、增进食欲和提高机体免疫力的中草药为主，并结合一些非药品生态制剂配成合剂。要针对所预防的疾病选择不同的药物，并选择河蟹爱吃的饵料，充分搅拌，混合均匀后投喂。有条件的可以委托饲料加工厂加工药饵，则投喂效果更好。投放药饵期间饵料投喂量应比平时少 20% 左右，以便河蟹尽快吃完药饵。添加药物应多样化，否则经常添加同一种药物易使河蟹产生抗药性，也易造成药物在河蟹体内残留，添加药物每月一般不超过 2 次，每次不超过 5 天。严禁使用抗生素与激素类药物。

# 第七章　鱼病防治

## 第一节　鱼病发病原因和种类

了解鱼类发病的原因和病原体，对于采取积极措施，加强饲养鱼类的日常管理，增强鱼体抵抗疾病的能力，控制病原，预防鱼病的发生，发展养鱼生产有着重要的意义。

### 一、病鱼、鱼体、池塘环境三者之间的关系

鱼类是不能离开水而生存的。但是，水并不一定能保障鱼类的生命，因为鱼和所有的生物一样，必须与生活环境和谐统一，鱼的生活环境就是水体。鱼要生活，一方面要求有良好的环境，另一方面则需要有适应环境的能力。由于为了达到高产的目的，养殖水体环境条件大多是由人为因素控制的，对养殖鱼类来说，具有强制性质。如果生活环境发生不利于鱼类的变化，或者鱼体机能因其他原因引起变化而不能适应环境条件时，就会影响到鱼体的生长、发育和健康，就为病原的侵害提供了可乘之机。

鱼病病原体主要为营寄生生活，它们是水生生物中的特殊成员，每一类病原体的生命周期中，均需经过繁殖、传播、侵袭、寄生、发育等各个环节。因此，必须与水环境发生关系。如若这些环境条件不利于病原体的繁衍或发育，疾病就难以发生。还应当指出的是，养殖水体中，由于诊断、防治等均是以一个养殖单位，如鱼池网箱等为衡量标准，也是以群体的发病率、防治率为依据，故鱼病发生的判断，是以一个养殖水体为单位的。但鱼病发生的原因还涉及养殖水体以外的环境，否则难以回答病原来自哪里，如何进入养殖水体等问题。

由此可见，鱼病发生是病原体、环境条件、鱼类三者之间相互作用的结果，只有了解鱼病发生的原因，才有助于我们制定预防和控制措施。

## 二、鱼病发生的环境因素（外部因素）

引起鱼病发生的外界环境因素通常被区分为理化因素、人为因素和生物因素三方面。但在生产实践中，这些因素常难以严格区分，例如水质的变化，既有自然的原因，也可由人为或生物的原因造成：饲养管理不当主要是人为因素，也包含部分气候原因与生物原因。为了便于根据养殖水体制定防治鱼病的方针措施，将环境条件按理化因素、人为因素、生物因素和养殖水体的空间予以分别叙述。

### （一）理化因素

鱼类是变温动物，因而水体的各种理化指标对鱼类的生活、生长、繁殖具有特殊的作用。影响最大的是水温、机械损伤、透明度、溶解氧、酸碱度以及水中的化学成分、有毒物质和其含量的变化等。

1. 物理因素

（1）水温

鱼类是变温动物，不同种类的鱼及其不同的发育阶段，对水温有不同的要求。水温直接影响水中细菌和其他水生生物的代谢强度。在最适温度范围内，细菌和其他水生生物生长繁殖迅速，同时细菌分解有机物质的作用大大加快，因而更多的无机营养物质给浮游植物利用，制造新的有机物，使水中各种饵料生物都得以加速繁殖，养殖水体的物质循环强度也随之提高。一般随着温度升高，病原体的繁殖速度加快，鱼病发生率呈上升趋势，但个别喜欢低温的病原体种类除外，如水霉菌、小型点状极毛杆菌竖鳞病病原等。水温突变对幼鱼的影响更大，如初孵的鱼苗只能适应 ±2℃以内的温差，6 cm 左右的小鱼种能适应 ±5℃以内的温差，超过这个范围就会发病死亡。

（2）透明度

不同的养殖阶段对透明度的要求也不同，鱼苗养殖阶段透明度要高一些，否则鱼苗易得气泡病，而成鱼阶段透明度要小一些，保持水体溶氧充足吃食良好。

（3）机械损伤

在养殖生产过程中由于拉网、放鱼等操作不慎导致鱼体鳞片脱落、鱼体受伤，引起鱼继发性感染，如水霉病、竖鳞病等。

2. 化学因素

水化学指标是水质好坏的主要标志，也是导致鱼病发生的最主要因素。在养殖池塘中主要为溶解氧、pH 值、非离子氨、亚硝酸盐和硫化氢。

（1）溶解氧

水中溶解氧为鱼类生存所必需的物质。水中溶解氧主要来自水中浮游植物光合作用，水中浮游植物量的多少决定了溶解氧的多少。浮游植物因不同的种类而使水呈现不同的颜色，肉眼观察，浮游植物量大，则水色较浓。淡绿色、绿色、褐色、黄绿色的水，浮游植物量较大，一般不会缺氧；白色、灰色、灰黑色的水，浮游植物量较小，容易缺氧。一般情况下，溶解氧需在 4 mg/L 以上，鱼类才能正常生长。实践证明，溶解氧含量高，鱼类对饵料的利用率高，饵料系数较低。当溶解氧低于 2 mg/L 时，一般养殖鱼因缺氧而浮头，长期浮头的鱼食欲较差，生长不良，饵料系数较高，鱼体抵抗力差，极易感染烂鳃病；当溶解氧低于 1 mg/L 时，就会严重浮头，甚至泛塘。但溶解氧也不易过高，当达到饱和时，就会产生游离氧，易引起鱼苗、鱼种的气泡病。

（2）pH

大多数鱼类对水的酸碱度有较大的适应能力，最适宜的范围为弱碱性，即 pH 在 7.0 ～ 8.5，pH 超出一定范围，会直接造成养殖水生生物的死亡，高限为 9.5 ～ 10.0，低限为 4 ～ 5。北方盐碱地水域 pH 较高，养殖鱼类有较大的耐碱性，但鱼苗培育受到较大影响，鱼苗成活率较低。pH 小于 7 时极易感染各种细菌性鱼病。实践证明在酸性（pH 低于 5.3）条件下，水体中鱼类对传染性鱼病特别敏感，呼吸困难，即使水中不缺氧，对饲料的消化率也低，生长缓慢，体质瘦弱，极易发病，尤其易患打粉病。

（3）非离子氨

水质检测中的氨氮指标，是衡量养殖水体水质好坏的重要指标。当氨溶于水，其中一部分氨与水反应生成铵离子，另一部分形成水合氨，也称非离子氨。水环境中非离子氨过高会抑制鱼体内代谢生成的氨向水体扩散排出，使氨积累在鱼体内。非离子氨有相当高的脂溶性，能穿透细胞膜毒害细胞，最终可损害鱼的鳄、皮肤黏膜、肝等组织，因此，非离子氨对鱼虾有很强的毒性。轻者，造成养殖鱼类食欲较差，重者引起烂鳃。非离子氨与 pH、水温的高低密切相关，pH、水温越高毒性越大，高温季节，午后水温较高时，鱼出现摄食减少，即可检测水体氨氮指标。

（4）亚硝酸盐

亚硝酸盐对鱼虾的毒性较强，虾蟹类甲壳动物对亚硝酸盐的敏感性比鱼类要高得多。亚硝酸盐由颚部、皮肤等黏膜进入血液，可使正常的血红蛋白氧化成高价血红蛋白，失去生物活性功能，出现组织缺氧，类似人体一氧化碳中毒，严重时导致死亡。亚硝酸盐中毒后的症状有：厌食、游动缓慢、反应迟钝、呼吸急速、经常上水面呼吸、体色变深、鳃丝呈暗红色。淡水养殖水体要求亚硝酸盐含量应在 0.2 mg/L 以下。

（5）硫化氢

硫化氢是一种有毒物质，对鱼类有极强的毒性。同时，它的氧化还要消耗水中氧气，1 mg 硫化氢被氧化需消耗水中 1.4 mg 的氧。因此，在产生硫化氢的水体中，溶氧量会迅速下降。

### （二）生物因素

与鱼病发生率关系较大的为浮游生物和病原体生物。浮游植物生物量过高或种类不好（如蓝藻、裸藻过多作为水质老化的标志）会影响鱼的健康生长。浮游植物生物量过高，到衰老期或大批死亡，会败坏水质，引起水体缺氧，并引发病原体的大量繁殖，鱼病的感染机会增加，鱼病的发生率提高。同时中间寄主生物的数量高低，也直接影响相关疾病（如桡足类会传播绦虫病）传播速度。

### （三）人为因素

在精养池塘，人为因素的加入大大地加速了鱼病的发生，如放养密度过大，大量投喂人工饲料，机械性操作等，都使鱼病的发生率大幅度提高，所以精养池塘的鱼病发生率高，防病、治病工作也更为重要。

### （四）养殖水体的空间

养殖水体是鱼类的活动场所。每尾鱼所拥有的活动场所的大小，取决于水域的面积、水深以及放养鱼的密度、种类。俗话说："宽水养大鱼。"即明确地表明了水体空间大小与鱼类健康之间的关系。空间小的池塘，直接影响鱼类的活动，减弱了鱼适应环境的能力，从而抑制了其生长和发育，鱼类的体质显得瘦弱，为疾病的发生创造了条件。在养鱼生产中，我们经常可以见到，在放养密度基本相同的情况下，面积小或水较浅的鱼池比面积大、水较深的鱼池容易发生疾病。或者在水域条件类似的情况下，放养密度较大的水体比密度较小的易于发病。

## 三、鱼病发生的内在因素

鱼类在一定环境条件下，在致病生物影响下，是否发病，与鱼群本身的易感性和抗病力有密切关系，鱼的品种和体质是鱼病发生的内在因素，是鱼病发生的根本原因。易感鱼群和体弱鱼的存在是疾病发生的必要条件，实质上是缺乏免疫力所致。一般杂交的品种较纯种抗病力强，当地品种较引进品

种抗病力强。体质好、各种器官机能良好的鱼类，对疾病的免疫力、抵抗力都很强，鱼病的发生率较低。鱼类体质也与饲料营养密切相关，当鱼类的饲料充足，营养平衡时，体质健壮，较少得病，反之鱼的体质较差，免疫力低，对各种病原体的抵御能力下降，极易感染而发病。同时在营养不均衡时，又可直接导致各种营养性疾病的发生，如瘦背病、脂肪肝等。

## 四、鱼病的种类

### （一）鱼病的种类

1. 按病原划分

（1）由生物引起的疾病。

①微生物病。包括病毒、细菌、真菌和单细胞藻类等病原体引起的疾病。

②寄生虫病。包括原生动物、单殖吸虫、复殖吸虫、线虫、棘头虫、蛭类、钩介幼虫、甲壳动物等寄生病原体引起的疾病。

③有害生物引起的中毒。包括微囊藻、三毛金藻和赤潮等引起的中毒。

④生物敌害。包括水生昆虫、水螅、水蛇、水鸟、水鼠、凶猛鱼类、贝类等造成的危害。

（2）由非生物引起的疾病。

①机械损伤。如擦伤、碰伤等。

②物理刺激。如感冒、冻伤等。

③化学刺激。如农药、重金属盐中毒等。

④由水质不良引起的疾病。如泛池、气泡病、畸形等。

⑤由营养不良引起的疾病。如饥饿、营养不良等。

2. 按养殖水体划分

（1）海水动物疾病。

（2）淡水动物疾病。

3. 按感染的情况划分

（1）单纯感染

由一种病原体感染所引起的疾病。如草鱼病毒性出血病，其感染的病原体往往只有一种，即草鱼呼肠孤病毒。

（2）混合感染

由两种或两种以上的病原体混合感染所引起的疾病。如草鱼烂鳃、赤皮、肠炎“老三病”并发症，是由柱状曲桡杆菌、肠型点状产气单胞杆菌和荧光假单胞杆菌三种病菌同时感染而引起的疾病。

（3）原发性感染

病原体感染健康机体使之发病。如健康草鱼感染呼肠孤病毒而患病毒性出血病。

（4）继发性感染

已发病的机体，因抵抗力降低而再次感染另一种病原体。继发性感染是在原发性感染的基础上发生的。如水霉感染已受伤的机体。

（5）再感染

机体第一次患病痊愈后，被同一种病原体第二次感染患同样的疾病。如鱼苗患车轮虫病治好后，又被车轮虫感染而发病。

（6）重复感染

机体第一次病愈后，体内仍留有该病原体，仅是机体与病原体之间保持暂时的平衡，当新的同种病原体又感染机体达到一定的数量时，则又暴发原来的疾病。

4. 根据症状划分

（1）局部性疾病

病理变化主要仅局限于身体的某一部分者。常见的有皮肤病、肠道病、眼病、肌肉病、肝病、肾病、胆囊病、鳔病等。

（2）全身性疾病

该病影响到整个机体者，常见的有泛池、中毒、饥饿、营养不良、败血症等。

事实上，这两者是相对的，任何一种疾病都没有严格的局部性，整个机体总是这样或那样地对它起反应的，而且大多数疾病开始时都往往表现为局部性，随着疾病的发展，全身性的症状就愈益明显。

5. 按病程性质划分

（1）急性型

急性型的特征是病程短，来势凶猛，一般数天或者 1 ～ 2 周，机能调节从生理性很快转入病理性，甚至疾病症状还未表现出来，机体就死亡。如患急性鳃霉病的病鱼 1 ～ 3 天即死亡。

（2）亚急性型

病程稍长，一般 2 ～ 6 周出现主要症状。如患亚急性型刨霉病的典型症状，即颚坏死崩解，并呈石样化病变。

（3）慢性型

病程长，可达数月甚至数年，症状维持时间长，但病情不剧烈，无明显的死亡高峰。如患慢性型鳃霉病的病鱼，仅出现小部分鳃坏死、苍白，发病

时间从 5 月份一直持续到 10 月份。

（4）潜伏性型

指鱼类已感染病原体，但由于温度、体质等原因，外表不显露症状，一旦环境条件合适，病症即可发作。如草鱼出血病在 24℃以下时，常表现为潜伏性型。

疾病特征的表现是一个具体的过程，病情的分型无严格的界线，并可在特定条件或人为的干涉下相互转化。例如，当温度上升到 24℃以上时，潜伏性型的出血病可暴发，即转变为急性型。急性或亚急性型的颚霉病因治疗不彻底而转变为慢性型。

### （二）病程的分期

1. 疾病的经过

病原作用于机体后，疾病并不是立刻就表现出来的，一般须有一个过程，根据疾病发展的阶段特征，可分为以下三个时期。

（1）潜伏期

从病原作用于机体到出现症状以前的一段时间叫潜伏期。各种疾病潜伏期的长短不一致，即使同一种疾病，也因病原的数量、毒力、入侵途径、机体的状况和环境条件等的不同而相差很大。疾病的潜伏期可至数天或数月。通常水温是决定潜伏期长短的关键因素。

（2）前驱期

从第一次出现一般症状到显示该病的典型症状前的阶段，称前驱期。其特点为仅出现鱼病所共有的一般性症状，如体色改变、鳍基充血，或表现为浮头、高群独游等症状。本期很短，有时仅 1 ～ 2 天，需特别注意观察。

（3）发展期

发展期为某种疾病的高潮阶段，出现该种疾病所特有的典型症状，机体常伴有明显的机能、代谢和形态的改变。其持续时间因病而异，可为数天、数周以至数月。

2. 疾病的结局

某种疾病经自然发展或采取医疗措施后，都会有一个最后结局，不外乎以下三种：

（1）完全恢复

完全恢复是指机体内病原消除，症状消失，机能、代谢和形态结构完全恢复正常。

（2）不完全恢复

不完全恢复是指疾病的主要症状已消失，但机体的机能和代谢还遗留一定的障碍，或在形态上遗留持久的病理状态，机体的正常活动受一定限制。如白内障病引起的失明和眼球脱落，重金属离子中毒引起的脊柱弯曲等。

（3）死亡

死亡是指机体生命活动和新陈代谢的终止。

## 第二节 鱼病预防管理的措施

### 一、改善生态环境

池塘及其他养殖水体是鱼类的栖息场所，水体环境的优劣直接影响鱼体的健康，所以一定要重视池塘环境的改良。

#### （一）清除池底过多的淤泥，或排干池水后进行翻晒、冷冻

养殖池塘经过几年的高密度集约化养殖，鱼类排泄物、水中杂质等沉淀到鱼池底形成淤泥。淤泥不仅是病原体滋生的储场所，而且在分解时消耗大量的溶氧，在夏季容易引起泛池。在缺氧情况下，产生大量对鱼类有害的物质（有机酸、氨、硫化氢、亚硝酸盐等）使 pH 下降，氨氮、亚硝酸盐和硫化氢对水产养殖动物有毒性。经过一个养殖周期，成鱼出塘后，不要急于加水放鱼，应排干池水后进行翻晒或冷冻，消灭有害微生物。池底淤泥大于 20 cm 的，应及时清淤。

#### （二）pH 偏低时定期泼洒生石灰，调节水的 pH

对于淤泥较厚的老池塘，定期泼洒生石灰，能杀灭敌害生物，还能释放出淤泥中的氮、磷等营养元素，起到肥水、改善水质的作用，同时泼洒生石灰能吸附水体中有机物和杂质，起到净化水质的作用。对于碱性较大的水体和一些石灰质底泥的池塘，要慎用生石灰或减少用量。

#### （三）定期加注新水及换水，保持水质肥、活、爽、嫩

在养殖周期中，15 ～ 20 天加注新水一次，同时排出池底的老水，以保持水质清新，并刺激水中浮游生物的生长、繁殖，保持水质肥、活、爽、嫩。

#### （四）在养殖季节，晴天的中午开动增氧机 2 ～ 3 小时

将水体上层含溶氧高的水交换到水体下层，将池塘底层的有害气体排出，

充分利用氧气，减少底层氧债，改善池水溶氧状况。

（五）使用微生态制剂改良水质

在养殖周期定期使用微生态制剂调控水质，分解池塘有害物质，保持良好的水体环境。

在高温季节，高产池塘定期施底质改良剂，改善水质。

## 二、加强饲养管理，养殖健康鱼类

从鱼苗到商品鱼的饲养周期较长，养殖中管理工作的好坏，与鱼病的发生与否有很大关系。实践证明，如果孤立去做鱼病防治工作，而忽视日常的饲养管理，也是难以避免鱼病发生的。因此，加强日常饲养管理，养殖健康的鱼类，充分发挥鱼体内在的作用，提高抗病能力，是预防鱼病的基本措施之一。

（一）提早放养，提早开食

养殖鱼类越完冬后应尽早投喂，给鱼类补充营养恢复体质，增强鱼体抗病菌能力，保证鱼类的良好生长，尤其是冬季得过气泡病的鱼池更要尽早投喂药饵，促进病鱼体表伤口愈合，防止感染其他鱼病。

（二）合理放养

根据当地的条件、技术水平及防病能力确定合理的放养品种和密度，是提高单位面积产量的措施之一。在高密度养殖环境下，鱼类容易接触病原体，使之相互传染。

在有病原体的情况下，鱼类密度大的比密度小的池塘更容易发生鱼病。

（三）做好“四定”投饲

这项措施主要是通过饲养管理增强鱼体对致病因素的内在抵抗能力。定质是指投喂饲料新鲜、营养全面，并不含病原体或有毒物质。定量指每次投饲的数量要均匀适当，一般以 3 ～ 4 小时内消化完的量为适宜。草鱼养殖投喂草料，若有吃剩的残饵，应及时捞掉，不能任其在池内腐烂发酵，破坏水质。定位是指投饲要有固定的投眼点，使鱼类养成到固定的地点（食台或食场）吃食的习惯，以便于观察鱼类活动情况，检查池鱼吃食状况，又便于在鱼病流行季节进行药物预防工作。定时是指投饲要有一定时间，随水温不同，每日的投喂次数不同，由刚开始投喂时（水温 10℃～ 15℃）的每日 2 次增加到 3 次（水温 15℃～ 20℃）、4 次（20℃以上），如宁夏地区渔农习惯每日投饲四次，即 9：00，12：00，15：00，18：00，但时间并不是固定不变的，应随季节、水温变化而调整。

总之，“四定”投饲应根据当地的具体情况而定，灵活掌握。

### （四）加强日常管理

定时巡池，观察养殖鱼类的活动及摄食情况，密切注意池水的变化，以便发现问题及时处理。及时清除养殖鱼类的粪便、残饵；清除杂草、螺等有害生物，防止病原体的繁殖和传播。定期换水，保持水质清新；定期检测水质的理化指标，做好应急措施的准备；定期对养殖鱼类进行病原体抽样检查，早发现疾病，及早治疗，做好池塘记录。

### （五）细心操作，防止鱼体受伤

在水环境中或多或少地存在着致病菌和寄生虫，鱼体一旦受伤，就会造成病菌或寄生虫的侵袭机会。因此，拉网分塘、转池、进箱运输时，操作应当认真仔细，防止鱼体受伤而感染疾病。

## 三、控制和消灭病原体

控制和消灭病原体是预防水产养殖生物疾病发生的最为有效的措施。在养殖生产中，采取有效措施，控制或消灭病原体，才能减少或避免疾病的发生。

### （一）制定并严格执行检验检疫制度

目前国内外各地区间鱼类的移殖或交换日趋频繁，为防止病原体随鱼类的移殖或交换而相互传播，必须对其进行严格检疫，在养殖生物输入或输出时也应认真进行检疫。发现疫病时，首先采取隔离措施，对发病池或区域实行封闭，池内养殖生物不向其他池塘或地区转移，避免疾病的扩散；发病池使用的工具应专用，且及时消毒；病死生物的尸体应及时捞出并对其进行销毁或深埋；发病池的进、排水都应进行消毒。

### （二）彻底清塘

清塘包括清整池塘和药物清塘。

1. 清整池塘

鱼池经过一段时间养鱼后，淤泥逐渐堆积，如果淤泥过多，不但影响容水量，而且会影响水质，使病原体滋生、繁衍。近年来，由于不少养殖场及养鱼户忽视了淤泥的清除工作，鱼病蔓延迅速，造成较大损失。目前排除淤

泥的方法，通常有人力挖挑和运用机械排除。一般均在秋冬季进行，先将池水排干，然后再进行清除。排淤后的池塘不必急于注水，最好让日光曝晒、严寒冰冻一段时期，以利于杀灭越冬病原。湖泊、水库等大水面中围栏养鱼或网箱养鱼的区域，在有条件的情况下，最好也能定期做一些清淤工作。至少每年对围栏和网箱区进行一次清污工作。

2. 药物清塘

塘底是很多鱼类致病菌和寄生虫的温床，所以药物清塘是清除野杂鱼和消灭病原体的重要措施之一。生产上常用的、效果较好的清塘药物有：

（1）生石灰清塘

方法有两种：一是干池清塘，另一种是带水清塘。

干池清塘：先将塘水排干或在池底留有 5 ～ 10 cm 的水，并在池底挖几个小坑，将生石灰放入坑中，待生石灰溶化后向四周均匀泼洒，用量为每 667$m^2$（亩）50 ～ 60 kg。清塘后一般经 7 ～ 10 天药力消失，即可放鱼。生石灰清塘后，经数小时能杀灭野杂鱼、蝌蚪、水生昆虫、椎实螺、病菌、寄生虫及虫卵等。

带水清塘：将生石灰在水中溶化后全池均匀泼洒。带水清塘可避免清塘后加水时又将病原体及有害生物随水带入池中，效果较好，更适合于水源较缺乏的养殖池塘。

带水清塘法生石灰的用量较大，一般水深 1 m 用量为每 667 $m^2$ 130 ～ 150 kg。清池后 7 ～ 10 天药性消失后即可放入养殖鱼类。生石灰清塘不仅可杀灭病原体和有害生物，还能释放底泥中的营养元素，具有改良池塘环境和增肥的作用。

注意事项。一是选择块状、较轻的生石灰效果较好，而溶解、粉末状或未烧透的生石灰效果较差。一次未用完的生石灰要用塑料包严，防治溶解失效。二是无论干塘或带水清塘，生石灰必须溶化后全池泼洒，既保证有效地杀死池塘内病菌，又避免生石灰聚堆、不溶解。否则不但起不到杀菌作用，而且在抽水拉网时生石灰在小水体中溶解，短时间内 pH 值上升，损伤、致死鱼类。三是碱度较高或碱性石灰底质的湖底池塘，慎用生石灰清塘。

（2）漂白粉清塘

用适量的水将漂白粉（有效氯 30%）充分溶解后，全池均匀泼洒。平均 1 m 水深用量为每 667 $m^2$ 12 ～ 15 kg，清池后 3 ～ 4 天药性消失，即可放入养殖鱼类。

漂白粉杀灭病原体和有害生物的效果与生石灰相似，而且有用药量少、药性消失快等优点，但没有改良水质和增肥的效果。

注意事项：漂白粉潮解后会失效。

总之，药物清塘后的鱼池，在放鱼前特别要注意，无论使用哪一种药物清塘消毒，在鱼苗、鱼种下塘前，都应先放“试水鱼”，即在施药的池塘放入几条小鱼，24 小时后，试水鱼安全了，方可放殖。做到安全生产，防止发生死鱼事故。

### （三）鱼体消毒

病原体无处不在，传播性很强。即使健壮的苗种、亲本，也难免携带一些病原体，因此消毒后的池塘，如放入未经消毒处理的鱼类苗种或亲本，就又把病原体带入，一旦条件适宜，便大量繁殖而引发疾病。从预防为主出发，切断传染途径，在分塘换池及放养前都应该进行鱼体消毒，预防疾病发生。鱼体消毒采用药溶和药液全池泼洒。

针对病原体的不同种类，选择适当药物进行消毒处理。常用的有以下几种。

1. 高锰酸钾药浴

浓度为 10 ～ 20 g/m³ 的高锰酸钾水溶液药浴 10 ～ 30 分钟可杀灭体表及爬上的细菌、原虫（形成胞囊的及孢子虫除外）和单殖吸虫等。高锰酸钾是一种氧化剂，应现配现用，且药浴用水应选择有机质较少的清水（否则药液浓度提高）背光进行。鲢、缅鱼尽量避免使用高锰酸钾药浴，因鲢、缅鱼的颚对高锰酸钾刺激耐受性较差，高浓度浸浴后容易损伤。

2. 食盐水消毒

食盐水是较方便、安全的鱼体消毒药物，既可杀菌，又可杀虫。淡水鱼类用 2% ～ 3% 盐水药浴 5 ～ 10 分钟可杀灭体表及鳃上的细菌、原虫（形成胞囊的及孢子虫除外）。

3. 硫酸铜或硫酸铜及硫酸亚铁合剂（5 ∶ 2）药浴

浓度 8 g/m³ 水体硫酸铜及硫酸亚铁合剂（5 ∶ 2）水溶液药浴 10 ～ 30 分钟，可杀灭体表及鳃上的细菌、原虫（形成胞囊的及孢子虫除外）。

此外，用敌百虫、漂白粉和硫酸铜合剂药浴，也可杀灭有关病原体。

药浴的注意事项：一是每次药浴的鱼类数量不宜过多；二是使用时，要准确计算用量；三是药浴时间长短与水温、水质及鱼类的种类有关，要灵活掌握；四是药水配制后只能药浴一批鱼，否则药液稀释，影响效果；五是不能用金属容器。

### （四）饲料消毒

病原体往往能随饵料带入，投喂的饲料应清洁、新鲜，最好能经过消毒处理。颗粒饲料一般不进行消毒。一般植物性饲料，如水草应选用 6 mg/L 的漂白粉浸洗 20 ～ 30 分钟，动物性饲料，如螺蛳等一般活的或新鲜的洗净即可。

### （五）工具消毒

养殖的各种工具，往往成为传播疾病的媒介，因此发病池塘所用工具，应与其他池塘使用的工具分开，避免将病原体从一个池塘带入另一个池塘。如工具缺乏，应将发病池用过的工具消毒处理后再使用。一般网具可用 10 mg/L 的硫酸铜水溶液、50 mg/L 的高锰酸钾水溶液或 5% 的食盐水等浸泡 0.5 小时，木制或塑料工具可用 5% 的漂白粉水溶液消毒，然后用清水洗净再使用。

### （六）食场消毒

食场内常有残余饵料，腐败后为病原体的繁殖提供有利条件，在水温较高、疾病流行季节最易发生。在疾病流行季节，除了注意投饵量适当，每天捞除剩饲及清洗食场外，定期在食场周围遍洒漂白粉、硫酸铜、敌百虫等进行杀菌、杀虫。用量根据食场的大小、水深及当时的水质和水温而定。

### （七）疾病流行季节前的药物预防

大多数疾病的发生都有一定的季节性，多数疾病在 4—10 月份流行。因此，掌握发病规律，有计划地在疾病流行季节前进行药物预防，是补充平时预防不足的有效措施。

1. 体外疾病的药物预防

疾病流行季节采取投料台挂袋或定期泼洒杀虫药、杀菌药可有效预防寄生虫病、细菌性鱼病。投料台挂袋适用于大水面养殖、流水养鱼和网箱养鱼，全池泼洒适用于面积较小的池塘。

投料台挂袋法：药物装在有微孔的容器中，悬挂于食场周围，使其在水中缓缓溶解，达到消毒目的。目前可用于投料台挂袋的药物主要有漂白粉、硫酸铜、敌百虫三种。悬挂的容器有竹篓、布袋、塑料袋、泡沫塑料块等。塑料袋装药后，需用针在周围扎小孔，孔的大小和数目灵活掌握，以药物能在 5 小时以上溶解完，而且在悬挂周围达到一定浓度为依据。泡沫塑料块法即将药物溶解后，以泡沫塑料吸附后挂入食场，或将两块泡沫塑料的一面中央剪去一块后，在中间放置药物，再用绳将两塑料块捆扎后挂入食场中。投料台挂袋法通常在喂食时应用，悬挂的数量可视鱼是否愿意进入食场为度。

投料台挂袋消毒法的优点是使用方便，用药量少，不会出事故，副作用较小，并可用于疾病早期防治。但要达到预期的效果，必须注意以下几点：

（1）食场周围的药物浓度应达到有效治疗浓度，又不能影响鱼类摄食。

（2）食场周围的药物的浓度应保持 4 小时以上。

（3）必须连续挂袋或泼药 5 ～ 6 天。

（4）为保证鱼类在挂药时来吃食，在挂药前应停止投饲一天，使鱼处于饥饿状态，并在挂药期间选择鱼类最喜吃的饲料，投饲量比平时略少些，以保证第二天仍来吃食。

2. 体内疾病的药物预防

体内疾病的药物预防一般采用口服法，将药物拌在饵料中制成颗粒药饵投喂，用药的种类随各种疾病而不同，尽量多用中药，以免产生耐药性。药饵的制作法有下列几种：

（1）颗粒药饵。将药物、鱼饵以及黏合剂、面粉、榆树粉等按比例混合，手工或机械制成药面或颗粒饵料。药饵的大小应根据鱼体大小确定。

（2）拌和药饵。在饵料中，均匀地拌入药物，然后加水调和成适口性饵料，直接放在食台上。

（3）药物草料。将药物混合在已调稀的黏合剂中使呈糊状，涂洒在草料上，略干后投喂。

目前常用的口服药物有各种商品渔药、大蒜素、大黄粉等。不论何种药物，在发病季节，应每 10 ～ 20 天投喂药饵一个疗程，每个疗程 3 天。

用药注意事项：

（1）饲料必须选择鱼类喜吃、营养全面的。

（2）颗粒饲料在水中的稳定性要好，一般能在水中 1 小时左右不散开，而鱼类摄入后又能很快消化吸收。

（3）药饵的大小适口。

（4）药量计算应把吃该种颗粒饲料的鱼类体重都算入。

（5）投饲量应比平时减少二至三成，以保证天天能来吃药饵，一般连续投喂 3 ～ 5 天。

### （八）控制或消灭其他有害生物

有些病原体的生存过程较为复杂，其寄主可能有几个，水产养殖生物仅是其中的一个，控制或消灭其他的寄主，切断生存过程，也可控制病原体的繁殖，预防疾病的发生。

# 第三节 鱼病检查与诊断

## 一、疾病的诊断依据

目前，很难做到通过检测患病鱼体的各项生理指标来对鱼类疾病进行诊断，大多通过病鱼的症状和显微镜检查的结果来确诊。大致可以根据以下几条原则进行鱼病的诊断：

### （一）判断是否由于病原体引起的疾病

有些鱼类出现不正常的现象，并非由于传染性或者寄生性病原体引起的，可能是由于水体中溶氧量低导致的鱼体缺氧，各种有毒物质导致的鱼体中毒等。这些非病原体导致的鱼体不正常或者死亡现象，通常都具有明显不同的症状：

（1）因为饲养在同一水体的鱼类受到来自环境的应激性刺激是大致相同的，鱼体对相同应激性因子的反应也是相同的，因此，鱼体表现出的症状比较相似，病理发展进程也比较一致。

（2）某些有毒物质引起鱼类的慢性中毒外，非病原体引起的鱼类疾病，往往会在短时间内出现大批鱼类失常甚至死亡。

（3）查明患病原因后，立即采取适当措施，症状可能很快消除，通常都不需要进行长时间治疗。

### （二）依据疾病发生的季节

因为各种病原体的繁殖和生长均需要适宜的温度，而饲养水温的变化与季节有关。所以，鱼类疾病的发生大多具有明显的季节性，适宜于低温条件下繁殖与生长的病原体引起的疾病大多发生在冬季，而适宜于较高水温的病原体引起的疾病大多发生在夏季。

### （三）依据患病鱼体的外部症状和游动状况

虽然多种传染性疾病均可以导致鱼类出现相似的外部症状，但是，不同疾病的症状也具有不同之处。而且患有不同疾病的鱼类也可能表现出特有的游泳状态。如鳃部患病的鱼类一般均会出现浮头的现象，而当鱼体上有寄生虫寄生时，就会出现鱼体挤擦和时而狂游的现象。

（四）依据鱼类的种类和发育阶段

因为各种病原体对所寄生的对象具有选择性，而处于不同发育阶段的各种鱼类由于其生长环境、形态特征和体内化学物质的组成等均有所不同，对不同病原体的感受性也不一样。所以，鲫或鲤的有些常见疾病就不会在冷水鱼的饲养过程中发生，有些疾病在幼鱼中容易发生，而在成鱼阶段就不会出现了。

（五）依据疾病发生的地区特征

由于不同地区的水源、地理环境、气候条件以及微生态环境均有所不同，导致不同地区的病原区系也有所不同。对于某一地区特定的饲养条件而言，经常流行的疾病种类并不多，甚至只有 1 ～ 2 种，如果是当地从未发现过的疾病，患病鱼也不是从外地引进的话，一般都可以不加考虑。

## 二、疾病的检查与确诊方法

（一）检查鱼病的工具

对鱼类的疾病进行检查时，需要用到一些器具，可根据具体情况购置。一般而言，养殖规模较大的鱼类养殖场和专门从事水产养殖技术研究与服务的机构和人员，均应配置解剖镜和显微镜等。有条件的还应该配置部分常规的分离、培养病原菌的设备，以便解决准确判断疑难病症的问题。即使个体水产养殖业者，也应该准备一些常用的解剖器具，如放大镜、解剖剪刀、镊子、解剖盘和温度计等。

（二）检查鱼病的方法

用于检查疾病的鱼类，最好是既具有典型的病症又尚未死亡的鱼体，死亡时间太久的鱼体一般不适合用作疾病诊断的材料。

做鱼体检查时，可以按从头到尾、先体外后体内的顺序进行，发现异常的部位后，进一步检查病原体。有些病原体因为个体较大，肉眼即可看见如锚头鳋、鱼鲺等。有一些病原体个体较小，肉眼难以辨别，需要借助显微镜或者分离培养病原体，如车轮虫和细菌、病毒性病原体。

1. 肉眼检查

对鱼体肉眼检查的主要内容：①观察鱼体的体型，注意是瘦弱还是肥硕。体型瘦弱往往与慢性疾病有关。而体型肥硕的鱼体大多是患的急性疾病，鱼体腹部是否鼓胀，如出现鼓胀的现象应该查明鼓胀的原因究竟是什么。此外，还要观察鱼体是否有畸形；②观察鱼体的体色，注意体表的黏液是否过多，鳞片是否完整，机体有无充血、发炎、脓肿和溃疡的现象出现，眼球是否突出。鳍条是否出现蛀蚀。肛门是否红肿外突，体表是否有水霉。水泡或者大型寄生物等；③观察鳃部，注意观察鳃部的颜色是否正常，黏液是否增多，鳃丝是否出现缺损或者腐烂等；④解剖后观察内脏，若是患病鱼比较多。仅凭对鱼体外部的检查结果尚不能确诊，就可以解剖 1 ～ 2 尾鱼检查内脏。解剖鱼体的方法是：剪去鱼体一侧的腹壁，从腹腔中取出全部内脏，将肝胰脏、脾脏、肾脏、胆囊、鳔、肠等脏器逐个分离开，逐一检查。注意肝胰脏有无淤血，消化道内有无饵料，肾脏的颜色是否正常，鳔壁上有无充血发红，腹腔内有无腹水等。

2. 显微镜检查

在肉眼观察的基础上，从体表和体内出现病症的部位，用解剖刀和镊子取少量组织或黏液，置于载玻片上，加 1 ～ 2 滴清水（从内部脏器上采取的样品应该添加生理盐水），盖上盖玻片，稍稍压平，然后放在显微镜下观察。特别应注意对肉眼观察时有明显病变症状的部位作重点检查。显微镜检查特别有助于对原生寄生动物等微小的寄生虫引起疾病的确诊。

### （三）确诊

根据对鱼体检查的结果，结合各种疾病发生的基本规律，就基本上可以明确疾病发生原因而作出准确诊断了。需要注意的是，当从鱼体上同时检查出两种或者两种以上的病原体时，如果两种病原体是同时感染的，即称为并发症。若是先后感染的两种病原体，则将先感染的称为原发性疾病，后感染的称为继发性疾病。对于并发症的治疗应该同时进行，或者选用对两种病原体都有效的药物进行治疗。由于继发性疾病大多是原发性疾病造成鱼体损伤后发生的，对于这种状况，应该找到主次矛盾后，依次进行治疗。对于症状明显、病情单纯的疾病，凭肉眼观察即可作出准确的诊断。但是，对于症状不明显，病情复杂的疾病，就需要做更详细的检查方可作出准确的诊断。当遇到这种情况时，应该委托当地水产研究部门的专业人员协助诊断。

当由于症状不明显，无法作出准确诊断时也可以根据经验采用药物边治疗，边观察，进行试验性治疗，积累经验。

# 第四节　常见鱼病及其防治方法

## 一、细菌性烂鳃病

病原：病原为黏球菌。

症状：病鱼鳃丝腐烂带有污泥，鳃盖骨内表皮往往充血，中间部分的表皮常腐蚀成一个不规则的圆形透明小窗（俗称“开天窗”）。在显微镜下观察，草鱼鳃瓣感染了黏球菌以后，引起的组织病变不是发炎和充血，而是病变区域细胞组织呈不同程度的腐烂、溃烂和侵蚀性出血。另外，有人观察到总组织病理变化经过炎性水肿、细胞增生和坏死 3 个过程，分为慢性型和急性型两种。慢性型以增生为主，急性型由于病程短，炎性水肿后迅速转入坏死，增生不严重或几乎不出现。

流行情况：细菌性烂鳃病主要危害草鱼、青鱼，对鳙鱼、鲢鱼、鲤鱼也有危害。主要危害当年草鱼鱼种，每年 7—9 月为流行盛期，1 ～ 2 龄草鱼发病多数在 4 ～ 5 月。

防治方法：①用生石灰彻底清塘消毒；②用漂白粉在食场挂篓，在草架的每边挂密眼篓 3 ～ 6 只，将竹篓口露出水面约 3 cm，篓中装入 100 g 漂白粉，翌日换药以前，将篓内的漂白粉渣洗净，连挂 3 天；③每 100 kg 鱼用 250 g 鱼复康 A 型拌料投喂，每日 1 次，连用 3 ～ 6 天。

## 二、细菌性肠炎病

细菌性肠炎病又叫烂肠瘟、乌头瘟。

病原：点状产气单胞杆菌，属革兰氏阴性短杆菌。

症状：病鱼行动缓慢，不摄食，腹部膨大，体色变黑，特别是头部显得更黑。有很多体腔液，肠壁充血，呈红褐色。肠内没有食物，只有许多淡黄色的黏液。如不及时治疗，病鱼会很快死去。

流行情况：主要危害草鱼、青鱼，罗非鱼和鲤鱼也有少量发生。

本病是目前饲养鱼类中最严重的疾病之一。

防治方法：①采用中草药预防。除加强饲养管理和常规消毒外，发病季节每月投喂下列任何一种方剂 1 ～ 2 个疗程。每 100 kg 鱼每日用大蒜 500 g（或大蒜素 2 g）、食盐 200 g 拌饲，分上午、下午 2 次投喂，连喂 3 天；每 100 kg 鱼每日用干地锦草、马齿苋、铁苋菜、咸辣萝（合用或单用均可）500 g 和食盐 200 g 拌饲，分上午、下午 2 次投喂，连喂 3 天；也可用鲜地锦草 2 500 g，鲜马齿苋、铁菜、咸辣基 2 000 g 拌词；每 100 kg 鱼每日用干穿心莲 2 kg 或鲜穿心莲 3 kg 打浆加盐拌饲，分上午、下午 2 次投喂，连喂 3 天；②治疗。全池泼洒氯制剂，同时再内服下列任何一种药物：每 100 kg 鱼每日用氟哌酸 5 ～ 8 g 拌料，分上午、下午 2 次投喂，连喂 3 天；每 100 kg 鱼每日用土霉素 25 g 拌料，分上午、下午 2 次投喂，连喂 6 ～ 10 天，水产品上市前至少应有 30 天停药期；每 100 kg 鱼每日用磺胺 2，6- 二甲氧嘧啶 2 ～ 20 g 拌料，分上午、下午 2 次投喂，连喂 3 ～ 6 天，水产品上市前至少应有 42 天停药期。

## 三、赤皮病

赤皮病又叫赤皮瘟、擦皮瘟、出血性腐败病。

病原：荧光假单胞菌，属革兰氏阴性菌。病原适宜温度为 2℃～ 30℃，传染源是被污染的水体。本病是草鱼、青鱼、鲫鱼、团头鲂、鲤鱼等鱼种和成鱼阶段的主要鱼病之一，多数发生于 2 ～ 3 龄的成鱼。

症状：病鱼症状明显，鱼体表局部或大部分出血发炎，鱼体两侧充血发炎，鳞片脱落呈现块状红斑，特别是鱼体两侧和腹部最明显。鳍基部充血，鳍条末端腐烂，似一把破扇子。在鳞片脱落的地方往往有水霉生长。草鱼常与烂鳃病、肠炎病并发。病鱼的肠道也充血发炎，有时鱼的上、下颚和鳃盖发炎充血。

流行情况：本病流行广泛，并常与肠炎病、出血病并发。全国各养鱼区均有发生，无明显的发病季节，终年可见。荧光假单胞菌是一种条件致病菌，鱼体表完整无损时，病菌无法侵入鱼的皮肤，当鱼体受伤后，病菌乘机侵入感染而发病。在寒冬季节，鱼体皮肤也可能因冻伤而感染本病。

防治方法：①适时对鱼池进行清整消毒，在运输、拉网等操作过程中尽量避免鱼体受伤：②发病季节全池泼洒生石灰，用漂白粉进行食场消毒；③全池泼洒 0.5 ～ 2.0 mg/L 的二氧化氯溶液或 4 mg/L 五倍子溶液，连用 2 天，或内服磺胺嘧啶，用量为每 100 kg 鱼 4 克，连用 5 天，首次用量加倍。

## 四、草鱼出血病

病原：呼肠弧病毒。

症状：病鱼体色发暗，微带红色，有 3 种类型：①红肌肉型，撕开病鱼的皮肤观察或对准阳光、灯光透视鱼体，可见皮下肌肉充血、全身充血或点状充血；②红鳍红鳃盖型，病鱼鳍基、鳃盖充血，并伴有口腔充血；③肠炎型，病鱼肠道充血，常伴随松鳞、肌肉充血。由于本病症状复杂，容易与其他细菌性鱼病混淆，所以诊断时必须仔细观察病鱼体外和肠道等器官，以免误诊。

诊断：首先，检查病鱼口腔、头部、鳍条基部有无充血现象，然后用镊子剥开皮肤观察肌肉是否有充血现象，最后解剖鱼体，观察肠道是否有充血症状。如果充血症状明显，或者有几种症状同时表现，可诊断为草鱼出血病。

流行情况：草鱼出血病的流行季节为5—9月，其中5—7月主要危害2龄草鱼、8—9月主要危害当年草鱼鱼种。

防治方法：病毒可以通过水传播，患病的鱼和死鱼不断释放病毒，加上病毒的耐药性强，造成药物治疗的困难。目前比较有效的预防方法有以下几种：①用灭活疫苗对草鱼进行腹腔注射免疫。当年鱼种注射时间是6月中下旬，当鱼种规格在6.0～6.6 cm时即可注射，每尾注射疫苗0.2 mL，1冬龄鱼种每尾注射1 mL左右。经注射免疫后的鱼种，其免疫保护力可达14个月以上。同时，还可用疫苗进行浸泡免疫；②每100 kg鱼每天用0.5 kg刺槐子、0.5 kg苍生2号、0.5 kg食盐拌料投喂，连用2天；③在发病季节，每亩水面每米水深每次用15 kg生石灰溶水全池泼洒，每隔15～20天泼洒1次，也有一定预防效果。

## 五、鳃霉病

病原：病原为鳃霉。国内发现的鳃霉有2种类型：寄生在草鱼鳃上的鳃霉，菌丝体比较粗直而少弯曲，通常是单枝延长生长，分枝很少，不进入血管和软骨，仅生长在鳃小片的组织上。另一种寄生于青鱼、鳙鱼等鱼的鳃上，菌丝常弯曲呈网状，较细而壁厚，分枝特别多，分枝沿鳃丝血管或穿入软骨生长，纵横交错，充满鳃丝和鳃小片。

症状：感染急性型鳃霉病的病鱼，出现病情后几天内大量死亡，表现为部分鳃丝颜色苍白，鱼不摄食，游动缓慢。慢性型病鱼死亡率稍低，坏死的鳃丝部分腐烂脱落，鳃丝贫血，呈苍白色。鳃霉病必须借助显微镜确诊，剪少许腐烂的鳃丝，在显微镜下观察是否有鳃霉菌的菌丝。

流行情况：现已发现鳃霉病的地区有广东、广西、湖南、湖北、浙江、江苏、上海和辽宁等地。草鱼、青鱼、鳙鱼、鲢鱼、鲤鱼、鲫鱼等都可发生。每年5—10月为流行季节，尤以5—7月发病严重。鳃霉病的流行，除地理条件以外，池塘的水质状况是主要因素，一般都是水质恶化，特别是有机物含量很高，又脏又臭的池塘，最易流行鳃霉病。

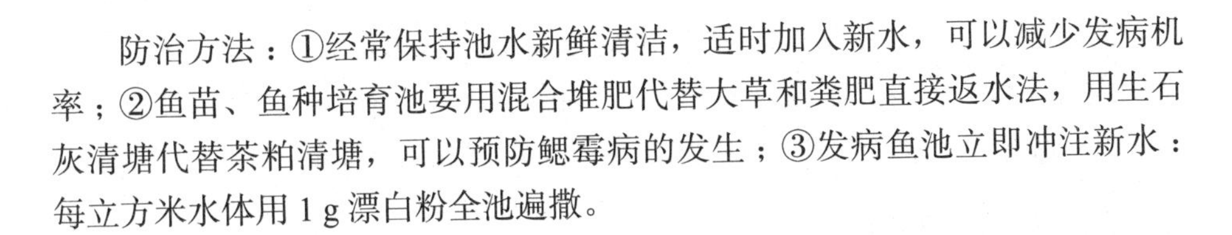

防治方法：①经常保持池水新鲜清洁，适时加入新水，可以减少发病机率；②鱼苗、鱼种培育池要用混合堆肥代替大草和粪肥直接返水法，用生石灰清塘代替茶粕清塘，可以预防鳃霉病的发生；③发病鱼池立即冲注新水：每立方米水体用 1 g 漂白粉全池遍撒。

## 六、打印病

打印病又名腐皮病。本病是鲢鱼、草鱼常见的一种疾病，主要危害成鱼和亲鱼。

病原：肠型嗜水气单胞菌，豚鼠气单胞菌。

症状：发病部位主要在背鳍以后的躯干部分，其次是腹部两侧或近肛门两侧，少数发生在鱼体前部。由点状产气单胞菌侵入鱼体表造成鱼体肌肉腐烂发炎。先是皮肤、肌肉发炎，出现红斑，后扩大呈圆形或椭圆形，边缘光滑，分界明显，似烙印，俗称“打印病”。随着病情的发展，鳞片脱落，皮肤、肌肉腐烂，甚至穿孔，可见到骨骼或内脏。病鱼身体瘦弱，游动缓慢，严重发病时，会陆续死亡。

流行特点：流行地域广，全国各地均有散在性流行，大批死亡的病例很少发生，但严重影响鱼类的生长、繁殖和商品价值。发病鱼池中鱼的感染率可达 80% 以上，此病一年四季都有发生，以夏秋季为流行高峰期。

防治方法：①在发病季节用 1 mg/L 漂白粉溶液全池泼洒消毒：②用高锰酸钾溶液擦洗患处，每 500 mL 水用高锰酸钾 1 g。

## 七、鳃隐鞭虫病

病原：鞭毛虫纲的鳃隐鞭虫

症状：病鱼鳃部无明显症状，只表现为黏液较多。当鳃隐鞭虫大量侵袭鱼鳃时，能破坏鳃丝上皮和产生凝血酶，使鳃小片血管堵塞，黏液增多，严重时可出现呼吸困难。病鱼不摄食，离群独游或靠近岸边水面，体色暗黑，鱼体消瘦，最终导致死亡。

诊断：确诊需借助显微镜来检查。离开组织的虫体在玻璃片上不断扭动前进，波动膜的起伏摆动尤为明显。固着在鳃组织上的虫体不断地摆动，寄生多时，在高倍显微镜下能发现几十个甚至上百个虫体。

流行情况：鳃隐鞭虫对寄主无严格的选择性，池塘养殖鱼类均能感染。但能引起鱼患病和造成大量死亡的主要是草鱼苗种，尤其在草鱼苗阶段饲养密度大、规格小、体质弱，容易发生本病。每年 5—10 月流行，冬春季鳃隐鞭虫往往从草鱼鳃丝转移到鲢鱼、鳙鱼鳃耙上寄生，但不能使鲢鱼、鳙鱼发病，因为鲢鱼、鳙鱼有天然免疫力。同时，成鱼对该虫也有抵抗力。

防治方法：①鱼种放养前用 8 mg/L 硫酸铜溶液洗浴 20～30 分钟；②每立方米水体用 0.7 g 硫酸铜和硫酸亚铁合剂（5：2）全池泼洒。

## 八、黏孢子虫病

病原：多种黏孢子虫。我国淡水鱼中已发现黏孢子虫 100 余种，有些种类大量寄生于鱼体，引起严重的流行病。

症状：异育银鲫被鲫碘泡虫侵入皮下组织，在头部后上方形成瘤状胞囊，随着病情发展胞囊渐大，影响其正常游动和摄食，日渐消瘦死亡。鲤鱼被野鲤碘泡虫侵袭鳃部形成许多灰白色点状胞囊，引起大量死亡。草鱼被饼形碘泡虫侵入肠道组织，形成大量胞囊，使肠道受阻，影响摄食，最后鱼体消瘦而死。鲢碘泡虫侵入鲢鱼脑神经系统和感觉器官，破坏正常的生理活动，导致鱼在水面打圈狂蹿乱游，时沉时浮，最后抽搐死亡。

流行情况：我国南北方地区均有发现，是一种严重的寄生虫病，在我国东部江淮流域和南方水产养殖发达地区发生比较普遍。

防治方法：目前尚无有效的治疗方法，彻底清塘消毒在一定程度上可以抑制病原孢子的大量繁殖，减少本病发生。

## 九、车轮虫病

病原：病原为车轮虫。寄生在鳃上的车轮虫有卵形车轮虫、微小车轮虫、球形车轮虫和眉溪小车轮虫。这类车轮虫的虫体都比较小，故将它们统称为小车轮虫。寄生在皮肤上的车轮虫有粗棘杜氏车虫、华杜氏车轮虫、东方车轮虫和显著车轮虫，这类车轮虫的虫体相对大些，故将它们统称为大车轮虫。

症状：幼鱼和成鱼都可感染车轮虫，在鱼种阶段最为普遍。车轮虫常成群地聚集在鱼的鳃丝边缘或鳃丝的缝隙里，使鳃腐烂，严重影响鱼的呼吸功能，使鱼死亡。

流行情况：车轮虫病是鱼苗、鱼种阶段危害较大的鱼病之一。草鱼、青鱼、鲢鱼、鲤鱼、鲫鱼、罗非鱼等均可感染，全国各地养殖场都有流行，特别是长江、西江流域各地区，在每年 5—8 月鱼苗、夏花鱼种常因本病而大批死亡，1 足龄以上的大鱼虽然也有寄生，但一般危害不大。本病在面积小、水浅和放养密度较大的水域最容易发生，尤其是经常用大草或粪肥沤水培育鱼苗、鱼种的池塘，水质一般比较脏，是车轮虫病发生的主要场所。

防治方法：①鱼种放养前用生石灰清塘消毒，用混合堆肥代替大草和粪肥直接沤水培育鱼苗、鱼种，可避免车轮虫的大量繁殖；②当鱼苗体长

达 2 cm 左右时，每立方米水体放苦楝树枝叶 15 kg，每隔 7 ～ 10 天换 1 次，可预防车轮虫病的发生；③每立方米水体用 0.7 g 硫酸铜和硫酸亚铁合剂（5：2）全池泼洒，可有效地杀死鱼鳃上的车轮虫；④每亩水面每米水深用苦楝树枝叶 30 kg 煮水，全池泼洒，可有效杀死车轮虫。

## 十、指环虫病

病原：病原为指环虫属中的许多种类。我国饲养鱼类中常见的指环虫有鳃片指环虫、扁指环虫和环鳃指环虫等。虫体后端有固着盘，由 1 对大锚钩和 7 对边缘小钩组成，借此固着在鱼的鳃上。

症状：大量指环虫寄生时，病鱼鳃丝黏液增多，鳃丝全部或部分呈苍白色，妨碍鱼的呼吸，有时可见大量虫体挤在鳃外。鳃部显著肿胀，鳃盖张开，病鱼游动缓慢，直至死亡。

流行情况：指环虫病是一种常见的多发性鳃病。它主要以虫卵和幼虫传播，流行于春末夏初，大量寄生可使鱼苗、鱼种成批死亡。对鲢鱼、鳙鱼、草鱼危害最大。

防治方法：①鱼种放养前，用 20 mg/L 高锰酸钾溶液浸洗 15 ～ 30 分钟，可杀死鱼种鳃上和体表寄生的指环虫；②水温在 20℃～ 30℃时，用 90% 晶体敌百虫全池遍撒，每立方米水体用药 0.2 ～ 0.5 g，效果较好；③每立方米水体用 2.5% 敌百虫粉剂 1 ～ 2 g 全池遍撒；③用 90% 晶体敌百虫与纯碱合剂全池遍撒，90% 晶体敌百虫与纯碱的比例为 1.0：0.6，每立方米水体用合剂 0.10 ～ 0.24 g，效果很好。

## 十一、中华鳋病

病原：病原为大中华鳋和鲢中华鳋。中华鳋雌雄异体，雌虫营寄生生活，雄虫营自由生活。大中华鳋的雌虫寄生在草鱼鳃上，鲢中华鳋寄生在鲢鱼鳃上。雌虫用大钩钩在鱼的鳃丝上，像挂着许多小蛆，所以中华鳋病又叫鳃蛆病。

症状：中华鳋寄生在鱼的鳃上，除了它的大钩钩破鳃组织，取鱼的营养以外，还能分泌一种酶，刺激鳃组织，使组织增生，病鱼鳃丝末端肿胀发白、变形，严重时整个鳃丝肿大发白，甚至溃烂使鱼死亡。

流行情况：本病主要危害 1 龄以上的草鱼、鳝鱼和鳙鱼。鱼被寄生后，鱼体消瘦，在水面表层打转或狂游，鱼的尾鳍露出水面，又称翘尾病。每年 5—9 月为流行盛期。

防治方法：①鱼种放养前，用硫酸铜和硫酸亚铁合剂（每立方米水体放硫酸铜 5 g，硫酸亚铁 2 g）浸洗鱼种 20 ～ 30 分钟，杀灭鱼体上的中华鳋幼虫；②病鱼池用 90% 晶体敌百虫遍撒，每立方米水体用药 0.5 g，可杀死中华鳋幼虫，减轻病情。

## 十二、小瓜虫病

小瓜虫病又称白点病。

病原：为多子小瓜虫，是一种体型比较大的纤毛虫。

症状：鱼体感染初期，胸、背、尾鳍和体表皮肤均有白点分布，此时病鱼照常觅食活动，几天后白点布满全身，鱼体失去活动能力，常呈呆滞状浮于水面，游动迟钝，食欲不振，体质消瘦，皮肤伴有出血点，有时左右摆动，游泳逐渐失去平衡。病程一般为 5 ～ 10 天，传染速度极快，若治疗不及时，短时间内可造成大批鱼死亡。

流行情况：本病对鱼的种类、年龄无严格选择，小瓜虫的适宜生存水温为 15℃～ 25℃。本病多在初冬、春末和梅雨季节发生，尤其在缺乏光照、低温、缺乏活饵的情况下容易流行。

防治方法：每 667m$^2$（亩）水面每米水深用 0.5 kg 辣椒粉或 2 kg 辣椒，0.5 kg 生姜，加水 5 L，于锅中煮沸 10 分钟，兑水 15 L，全池泼洒，连用 2 天，可治愈小瓜虫病。

## 十三、水霉病

水霉病又称肤霉病、白毛病。

病原：为水霉科中的多种种类，我国常见水霉、绵霉两个属。

症状：早期看不出什么异常症状，常出现病鱼与其他固体摩擦现象，当肉眼能看到时，菌丝已在鱼体伤口侵入。后期病鱼行动迟缓，食欲减退，最终死亡。菌丝同时向内外生长，向外生长的菌丝似灰白色棉絮状，故称白毛病。

流行情况：水霉和绵霉是条件致病菌，对水生生物没有选择性，凡是受伤的均可感染，而没有受伤的一律不感染。在鲤鱼、鲫鱼孵化过程中，受低温诱发，水霉孢子能在鱼卵上萌发并穿过鱼卵，迅速蔓延，造成大批鱼卵死亡。

防治方法：无理想的治疗方法，治疗所用药物不是价格太贵，就是禁用药物，防止灾害性气候和防止鱼体受伤是最为有效的防治办法。

## 十四、肝病

病因：肝病是目前养殖鱼类中最常见的一种疾病，是由于使用受细菌、

病毒侵染的饲料，或由于饲料霉变，脂肪氧化较严重，产生的醛类物质损害鱼类肝组织，造成弥漫性脂肪变性，从而影响肝功能所导致的肝坏死，这类病变的肝脏往往呈黄色或黄褐色，又称黄脂病。

症状：分为急性、亚急性和慢性，病鱼游动不规则，失去平衡，体色加深，鳃丝充血，眼球突出。胆囊膨大呈深绿色。肝组织有大片自溶性坏死，出现弥散性病变。

发病情况：以鲤鱼和罗非鱼为多，其次是鲫鱼和草鱼等。

防治方法：①经常注入新水或更换池水，使鱼生长在良好的水环境中；②保持饲料新鲜，防止饲料中蛋白质变质和脂肪氧化；③用颗粒饲料喂养草鱼、团头鲂时要适当饲喂鲜嫩草料。

# 第八章　牛羊疾病防治

## 第一节　代谢病防治

### 一、酸中毒

酸中毒是因采食过多的富含糖类的谷物饲料，导致瘤胃内产生大量乳酸而引起的一种急性代谢性疾病。其特征为消化障碍、瘤胃活动停滞、脱水、酸血症、运动失调，重者瘫痪、衰弱、休克，甚至导致死亡。

（一）病因

1. 富含糖类的精料食入过多

如大麦、小麦、玉米、大米、燕麦、高粱等，以及块茎根类饲料，如甜菜、马铃薯、甘薯、粉渣、酒糟等。

2. 精料突然超量

如果舍饲肉牛、肉羊按照由高粗饲料向高精饲料逐渐变换的方式增加精料，使反刍动物有一个适应的过程，则日粮中的精料比例即使达到 85% 以上，甚至不限量饲喂全精料日粮也未必发生酸中毒。如果突然饲喂高精饲料而草料不足，则易发生酸中毒。

（二）发病机制

在突然过食富含糖类的精料后，瘤胃微生物区系发生改变，pH 下降，乳酸大量形成。乳酸使瘤胃蠕动减弱，造成食物积滞，同时使瘤胃微生物群落遭到破坏。当 pH 下降至 4.5 ～ 5.0 时，瘤胃内渗透压升高，体液向瘤胃内转移并引起瘤胃积液，导致血液浓稠，机体脱水及少尿。由于瘤胃积液酸度增高，微生物死亡，产生大量有毒的胺类物质，如组胺、酪胺、色胺等，导致末梢微循环障碍，使毛细血管通透性增高及小动脉扩张，引起蹄叶炎和中毒性瘤胃炎。瘤胃内生成的乳酸，除被缓冲系统中和外，绝大部分经胃壁吸收，

小部分经肠道吸收。大量乳酸吸收入血，超过了组织的利用能力，导致高乳酸血症，使得血液中碱贮下降，二氧化碳结合力极度降低，引起酸中毒，损害肝脏和神经系统。

（三）症状

多数呈现急性，通常在过食精料后 4 ～ 8 小时突然发病，病畜精神高度沉郁，畜体极度虚弱，侧卧而不能站立，有时出现腹泻、瞳孔散大、双目失明的状况。体温低下时为 36.5℃～ 38.0℃，重度脱水。腹部显著膨大，瘤胃蠕动停止，内容物稀软或呈水样，瘤胃液 pH 低于 5.0，甚至降至 4.0 时循环衰竭，心跳达每分钟 110 ～ 130 次，终因中毒性休克而死亡。

1. 轻症

病畜表现精神萎靡，食欲减退，空嚼磨牙，流涎，反刍减少。粪便稀软或呈水样，有酸臭味。体温正常或偏低，脉搏增速，一般可达每分钟 80 ～ 100 次，结膜潮红。

瘤胃中度充满，收缩无力，听诊蠕动音消失，触诊瘤胃内容物呈捏粉样质感，瘤胃液 pH 为 5.5 ～ 6.5，皮肤干燥，弹性降低，眼窝凹陷，尿量减少，机体轻度脱水。若治疗不及时，病情持续恶化常继发或伴发蹄叶炎和瘤胃炎，而使病情恶化。

2. 重症

病畜精神沉郁，意识不清，反应迟钝，瞳孔轻度散大，对光反射迟钝。食欲减退或废绝，反刍停止，瘤胃胀满，冲击式触诊时有击水音或震荡音，瘤胃液 pH 为 5.0 ～ 6.0。随病情发展，全身症状明显加重，体温正常或微热，多数病例脉搏和呼吸增数，心跳每分钟 100 次。后期出现神经症状，步态蹒跚，卧地不起，头颈侧弯或后仰呈角弓反张，嗜睡甚至昏迷而死。

（四）诊断

1. 临床诊断

根据脱水，瘤胃胀满，盗汗，卧地不起，多为躺卧，四肢伸直，心跳、呼吸加快，口流涎沫，具有蹄叶炎和神经症状等可初步确诊。

2. 饲料调查

有过食豆类、谷类或富含糖类饲料的病史。

3. 实验室诊断

瘤胃液 pH 下降至 4.5 ～ 5.0，血液 pH 降至 6.9 以下，血液乳酸升高等。

（五）防治

1. 预防

严格控制日粮搭配，注意精饲料与粗饲料的比例；在泌乳早期，加喂精料，要缓慢增加，一般适应期为 7 ～ 10 天；精料内添加缓冲剂和制酸剂，如碳酸氢钠、氢氧化镁或氧化镁等，使瘤胃内 pH 保持在 5.5 以上，也可在精料内添加抑制乳酸生成菌的抗生素如莫能菌素、硫肽菌素等；加强饲养管理，严格控制精料饲喂量，防止过食、偏食。

2. 治疗

治疗原则为加强护理，清除瘤胃内容物，纠正酸中毒，补充体液，恢复瘤胃蠕动。

（1）排除瘤胃内容物

急性病例可进行瘤胃切开术，彻底清除瘤胃内容物，再接种健康动物瘤胃内容物 5 ～ 20 L。一般病例采取瘤胃冲洗法，即用胃管排出瘤胃内容物，再用石灰水（生石灰 1 kg，加水 5 kg 充分搅拌，沉淀后用其上清液）反复冲洗，直至瘤胃液无酸臭味、pH 检查呈中性或弱碱性为止。也可用 1% 碳酸氢钠溶液或 1% 食盐水洗胃。当瘤胃内容物很多，导胃无效时，也可采用瘤胃切开术。

（2）纠正酸中毒

中和瘤胃内酸度可用石灰水、氢氧化镁或氧化镁、碳酸氢钠或碳酸盐缓冲合剂（碳酸钠 150 g，碳酸氢钠 250 g，氯化钠 100 g，氯化钾 40 g）250 ～ 750 g，加常水 5 ～ 10 L，对牛一次灌服。中和血液酸度以缓解机体酸中毒，可静脉注射 5% 碳酸氢钠溶液，牛用量为 1 000 ～ 1 500 mL，羊用量为 10 ～ 20 mL。

（3）补充体液防止脱水

可补充 5% 葡萄糖生理盐水或复方氯化钠溶液，牛用量为每次 4 000 ～ 8 000 mL，羊用量为 250 ～ 500 mL，静脉注射，补液中加入强心剂效果更好。

（4）对症治疗

如伴发蹄叶炎时，可注射抗组胺药物；为防止休克，宜选用肾上腺皮质激素类药物；恢复胃肠消化功能，可给予健胃药和前胃兴奋剂。

## 二、产后瘫痪

产后瘫痪是奶牛常见的产科病之一。其特征是精神沉郁、全身肌肉无力、昏迷、瘫痪卧地不起。该病多发于高产奶牛，尤其是 3 ～ 5 胎的高产奶牛。

（一）病因

奶牛产后瘫痪与其体内的代谢密切相关，血钙下降为其主要原因。导致血钙下降的原因：日粮中磷不足及钙磷比例不当；维生素 D 不足或合成障碍；钙随初乳丢失量超过了由肠吸收和从骨中动员的补充钙量；肠道吸收钙的能力下降；甲状旁腺功能障碍，不能及时从骨骼中动员出充足的钙，使血钙不能得以补充。此外，母牛妊娠后腹围慢慢增大，分娩时胎儿很快产出，致使腹压突然下降，加之挤奶使乳房变空，此时血液大量流入腹腔和乳房，而其他组织器官处于相对的贫血状态，头部血量减少，出现大脑暂时性贫血、缺氧，致使中枢神经功能障碍引发本病。

（二）症状

本病多发于产后 1 ～ 6 天，最急者产后 1 ～ 3 小时即发病。病牛发病初期有短暂的兴奋不安，对外界反应迟钝，继而精神沉郁，肌肉震颤，口流清涎，运步异常，走路不稳，左右摇晃，四肢无力。若摔倒在地则很难起立，卧倒后四肢屈于胸腹之下，头颈弯向胸侧。也有的病牛倒卧后头颈四肢伸直，不久后进入昏迷，意识和知觉丧失，耳、鼻、皮肤、四肢发凉，呼吸深缓，伴有痰鸣声，鼻镜湿润，汗不成珠，有时无汗，有时磨牙和发出吭吭声，脉搏微弱，胃肠蠕动停止，体温可降至 35℃～ 36℃。严重者后肢张开，呈麻痹状态，针刺不敏感，反射性极差，大小便失禁，头颈偏向一侧。大多患畜似犬卧姿势，低头、眼闭、耳聋，呈昏睡状。若治疗不及时，可致死亡。

（三）诊断

根据产犊后不久发病，常在产后 1 ～ 3 天内瘫痪；体温低于正常，为 38℃以下；心跳加快，卧地后知觉消失、昏睡等特征可做出初步诊断。应注意和母牛躺卧不起综合征、低镁血症（牧草搐搦、泌乳搐搦）、产后毒血症、热（日）射病、瘤胃酸中毒相区别。

（四）防治

1. 预防

（1）加强干奶期母牛的饲养管理，增强机体的抗病力，控制精饲料喂量，防止母牛过肥。

（2）加强运动，经常晒太阳，促进钙、维生素 D 的合成及吸收和利用。

（3）充分重视矿物质钙、磷的供应量及其比例。一般认为，饲料中钙、磷比以 2∶1 为宜。

（4）产前 3 周和产后 3 天内的日粮，每天每头牛添加氯化铵 100 g，可防止瘤胃酸中毒并促进钙吸收。

（5）对临产牛可在产前 8 天开始，肌肉注射维生素 $D_3$ 制剂 1 000 万 IU，每日 1 次，直到分娩时止。

（6）对于年老、高产及有瘫痪病史的牛，产前 7 天静脉补钙、补磷可起到预防作用。其处方：10% 葡萄糖酸钙注射液 1 000 mL、10% 葡萄糖液注射液 2 000 mL、5% 磷酸二氢钠注射液 500 mL、氢化可的松 1 000 mg、25% 葡萄糖注射液 1 000 mL、10% 安钠咖注射液 20 mL，1 次静脉注射。

（7）产后 3 天内不将乳全部挤净。

2. 治疗

治疗原则是提高血钙量和减少钙的流失，辅以其他疗法。治疗及时与否、药物用量大小、机体本身状况等，都直接影响到本病的病程长短和产后是否良好。一般卧地后半月不起者，产后不良。

（1）钙剂疗法

常用的是 20% 葡萄糖酸钙液 500 ～ 1 000 mL，或 5% 氯化钙液 500 ～ 700 mL，一次静脉注射，每日 2 次或 3 次。多次使用钙剂而效果尚不显著者，可用 5% 磷酸二氢钠注射液 500 ～ 1 000 mL，10% 硫酸镁注射液 150 ～ 200 mL，一次静脉注射，与钙交替使用，能促进病畜痊愈。

（2）牛奶疗法

可用新鲜的、健康母牛的乳汁 300 ～ 4 000 mL，加青霉素来治疗，分别通过乳头管注入病牛的 4 个乳区内，使原处于空虚的乳房得以适当充盈，使乳腺内动、静脉的血液流动加快。调节已失调的血管，使收缩舒张作用逐渐趋于正常，从而使神经系统的作用得到恢复，可起到治疗作用。青霉素量按奶牛每 100 kg 体重加青霉素 G 钾不超过 400 万～ 2 400 万 IU 为宜，以注入后能自然流出为标准，一般注入后 4 ～ 5 小时病牛即明显好转。

（3）乳房充气法

将患牛乳房洗净，外露 4 个乳头，用酒精棉球擦净乳头，将消毒后的导乳管插入乳头内，外接乳房送风器，向乳房内慢慢打气。打气时先向下方接近地面的乳区内打气，然后再向上方的乳区内打气。为防止注入空气逸出，打满气的乳区将其乳头用绷带结紧。打入气体量以乳房皮肤紧张、乳区界线明显为准。若气体量不足，影响疗效；若气体量过多，易引起乳腺腺泡损伤。

（4）其他疗法

用钙、镁、磷治疗无效的病例，如病牛有食欲，后躯呈半蜷状姿势，可

能是因低血钾肌肉无力所致，可用10%氯化钾40～100 mL，10%葡萄糖1 000 mL，混合缓慢静脉滴注。同时，后海穴注射氯化钾20 mL、颈部注射30 mL。

（5）对症治疗

加强护理，多铺垫草，勤翻畜体，注意保温；臌气者，穿刺瘤胃放气，直肠便秘者可灌肠；注意不要经口投药，咽喉麻痹易引起异物性肺炎。

## 三、酮病

酮病是因日粮中的糖类不足和脂肪代谢紊乱所引起的一种全身功能失调的代谢性疾病。临床特征是酮血、酮尿、酮乳，呼出酮味气体，出现低血糖、消化功能紊乱、产奶量下降等状况，间有神经症状。

### （一）病因

首要原因是饲料配合比例不当，含蛋白质和脂肪的精料过多，而糖类饲料不足，结果引起了酮体生成增加。而在饲喂低蛋白、低脂肪饲料的同时，糖类也缺乏，同样可诱发酮病（特称消耗性酮病）。其次，运动不足，前胃功能减退，大量泌乳，乳糖消耗，也容易促进本病的发生。最后供给含丁酸多的饲料时，其所含丁酸经瘤胃壁或瓣胃壁吸收后引起发病。

### （二）发病机制

健康的反刍动物，脂肪酸的氧化和合成同时进行，中间产物的积聚不显著，血液中酮体含量甚微，不会发病。高产奶牛大量泌乳，对营养需要量显著增高，需要从饲料中获得能量以满足自身需要。但是，母牛在分娩后食欲的恢复与产奶量的上升不能同步进行；另外，在干奶期供应能量水平过高、分娩前母牛过肥等因素都可影响产后母牛的饲料采食量。由于不能摄取足够的饲料，导致能量负平衡，引起肝内含糖量不足，血糖降低。

肝糖水平下降导致的低血糖引起糖代谢紊乱，进而引起体脂动员，其结果是血液游离脂肪酸（FFA）浓度上升、肝脏FFA增加。FFA在肝内代谢有3个转归，即合成甘油三酯、氧化供能和生成酮体。而奶牛的基本能量，主要是靠前胃中糖类发酵形成的挥发性脂肪酸（VFA）的糖原异生作用来提供。所以认为，糖类的缺乏所引起的低血糖是酮病发生的主要因素。由于血糖下降、大量脂肪酸进入肝脏，脂肪酸经氧化所产生的乙酰辅酶A因低血糖、草酰乙酸含量减少，故不能在肝中进入三羧酸循环被氧化，致使血中酮体过高而引起酮病。

## （三）症状

### 1. 临床型酮病

本病常在产后几天至几周内出现，病牛病症表现以消化功能紊乱和精神症状为主。患畜食欲减退，不吃精料，只采食少量粗饲料，或喜食垫草和污物，反刍停止，最终拒食。粪便初期干燥，呈球状，外附黏液，有时排软粪，臭味较大。后多转为腹泻，迅速消瘦。精神沉郁，凝视，步态不稳，伴有轻瘫。有的病牛嗜睡，常处于半昏迷状态。但也有少数病牛狂躁和激动，无目的地吼叫，向前冲撞，空口虚嚼，眼球震颤，颈背部肌肉痉挛。呼出气体、乳汁、尿液有酮味（烂苹果味），加热后更明显。产奶量下降，乳脂含量升高，乳汁易形成气泡，类似初乳状。尿呈浅黄色，易形成泡沫。

### 2. 亚临床型酮病

仅见酮体升高和低血糖，也有部分血糖在正常范围内，缺乏明显的临床症状；公牛表现为进行性消瘦；母牛产奶量下降，发情迟缓等，尿酮检查为阳性或弱阳性。

## （四）诊断

由于奶牛酮病临床症状很不典型，所以单纯根据临床症状很难做出确切诊断。要全面分析，综合判断。乳酮和尿酮有诊断意义，因此，在确诊时应对病畜做全面了解，同时对血酮、血糖、尿酮及乳酮做定量和定性测定。但奶牛患创伤性网胃炎、皱胃变位、消化不良等疾病时，常导致继发性酮病；产后瘫痪也可并发酮尿症。

因亚临床型酮病诊断较为困难，所以对产后 10 ～ 30 天的母牛应特别注意食欲的好坏和产奶量的变化。确诊需对血、乳和尿中酮体进行检测。综合判定主要考虑以下三点：一是多发于高产母牛；二是在产后 10 ～ 30 天内，40 天后少见；三是日粮能量水平不足，进食量不足。

## （五）防治

### 1. 预防

应加强饲养管理，供应平衡日粮，保证母牛在产犊时的健康；防止奶牛过肥，应限制或降低油饼类等富含脂肪类饲料的进食量，增加优质干草等富含糖和维生素类饲料喂量；适当运动，对妊娠后期和产犊以后的母牛，应适当减少精料喂量，增加生糖物质；定期补糖、补钙。对年老、高产、食欲不振及有酮病病史的牛只，于产前 1 周开始补 50% 葡萄糖液和 20% 葡萄糖酸钙液各 500 mL，一次静脉注射，每日或隔日 1 次，共补 2 ～ 4 次。此外，加强

临产和产后牛只的健康检查，建立酮体监测制度。产前 10 天开始测定尿酮和 pH，隔 1 ～ 2 天测定 1 次；产后 1 天可测尿 pH、乳酮，隔 1 ～ 2 天测定 1 次。凡阳性反应，除加强饲养外，应立即对症治疗。

2. 治疗

对酮病患牛，通过适当针对性治疗都能获得较好的治疗效果而痊愈。已治愈的病牛，如果饲养管理不当，则有可能复发。也有极少数病牛，经药物治疗无效，最后被迫淘汰或死亡。对于继发性酮病，应尽早做出确切诊断并对原发病采取有效的治疗措施。

治疗原则为提高血糖浓度，减少脂肪动员，解除酸中毒，调整胃肠功能。常用治疗方法有以下几种。

（1）替代疗法

即葡萄糖疗法，静脉注射 50% 葡萄糖 500 ～ 1 000 mL，对大多数病畜有效。但因一次注射使其血糖浓度仅维持 2 小时左右，所以应反复注射，如加 5% 氯化钙 200 ～ 300 mL，可加速治愈。

（2）激素疗法

应用促肾上腺皮质激素 ACTH 200 ～ 600 IU，一次肌肉注射。肾上腺糖皮质激素类可的松 1 000 mg 肌肉注射，对本病效果较好。注射后 40 小时内，患牛食欲恢复，2 ～ 3 天后产奶量显著增加，血糖浓度增高，血酮浓度减少。

（3）其他疗法

对神经性酮病可用水合氯醛内服，首次剂量为 30 g，随后用 7 g，每日 2 次，连服数日。提高碱贮，解除酸中毒，可用 25% ～ 50% 葡萄糖注射液 500 ～ 1 000 mL，地塞米松磷酸钠 40 mL，5% 碳酸氢钠注射液 500 ～ 1 000 mL，辅酶 A 500 IU，混合一次静脉注射，必要时可重复或少量多次。

对患酮病的母羊，用 10% 葡萄糖 500 mL，维生素 C 20 mL，维生素 B 10 mL，地塞米松 10 mL，碳酸氢钠 50 mL，一次静脉注射，连用 3 天。

## 第二节 传染病预防

### 一、口蹄疫

口蹄疫是由口蹄疫病毒引起的一种急性、热性、高度接触性偶蹄动物传染病，人也可以感染。其特征是口腔黏膜和嘴、蹄、乳头与乳房的皮肤上形成水疱，甚至糜烂。口蹄疫在许多国家曾大肆流行，因此，世界各国均普遍重视。

（一）病原

口蹄疫病毒（FMDV）属于小核糖核酸病毒科口蹄疫病毒属，为 RNA 病毒。此病毒共分 A、O、C、南非Ⅰ、南非Ⅱ、南非Ⅲ、亚洲Ⅰ 7 个主型。每个主型又有许多亚型，目前已发现有 65 个亚型。各主型之间无交互免疫性，同一主型各亚型之间有一定的交叉免疫性。病毒颗粒近似圆形，无囊膜，可在胎牛肾、胎猪肾、乳仓鼠肾原代细胞及其传代细胞中增殖。

口蹄疫病毒对环境的抵抗力很强。在自然情况下，被病毒污染的饲料、饮水、饲草、皮毛及土壤等，在数日乃至数周的时间内仍具有感染性。该病毒在低温和有蛋白质保护的条件下（如冷冻肉内）可以长期存活，甚至在吃剩的含该病毒的猪肉、牛肉饭菜中也能存活且具有致病性。本病毒对酸、碱、高温和阳光中的紫外线敏感。1% ～ 2% 的氢氧化钠水溶液、30% 的草木灰、1% ～ 2% 的甲醛、0.2% ～ 0.5% 的过氧乙酸、4% 的碳酸钠、1% 的络合碘制剂等可在短时间内杀死口蹄疫病毒，但食盐、酚、酒精、氯仿等对本病毒无效。

（二）流行病学

口蹄疫的天然感染对象主要是 70 多种偶蹄动物。家畜以牛、猪最易感，其次是绵羊、山羊和骆驼。大象、猫、家兔、家鼠和刺猬也偶有散发。患病动物和带毒动物是本病主要的传染源。患病动物主要通过呼吸道、破裂水疱、唾液、乳汁、粪便和精液等途径排放病毒。

患病动物康复后，甚至人工接种弱毒疫苗后，部分动物可长期携带口蹄疫病毒。一般情况下，羊可带毒数月，牛可带毒数年，而且所带病毒可在个体间传播，致使群体带毒时间达 20 年以上。

口蹄疫病毒主要通过接触和气溶胶两种方式传播。健康易感动物可通过与患病动物接触，形成直接接触传染，也可通过与染毒场地、动物产品、饲料、工具及人员等接触，形成间接接触传染。病毒往往沿交通线蔓延或传播，也可跳跃式远距离传播。

本病传播迅速、流行猛烈、发病率高、死亡率低。一年四季均可发生，但主要在秋末至春初寒冷季节多发。该病常呈流行性或大流行性，自然条件下每隔 1 ～ 2 年或 3 ～ 5 年流行一次。一般纯种牛较本地或杂种牛更易感染。

（三）临床症状

本病潜伏期一般为 2 ～ 7 天，病牛体温高达 40℃～ 41℃，精神不振，食欲减退，反刍停止，饮欲增强。病牛齿龈、舌面、唇内和颊部黏膜有明显的圆形水疱或烂斑。水疱破裂时病牛流出泡沫样口涎，并拉成线条状，采食和咀嚼困难。在口腔发生水疱的同时或稍后，病牛的蹄叉、蹄冠及蹄踵部出现水疱，继之破溃，排出水疱液，有时形成烂斑，破损较深，修复较慢，发生跛行。当病毒侵害乳房时，乳头皮肤上有水疱，水疱破溃后留有溃烂面。孕牛往往发生流产或早产。

有些病牛在水疱破溃过程中，因继发细菌感染而死于脓毒血症。也有部分病牛因病情突然恶化，症状表现为全身衰弱、呼吸和心跳加快、心律不齐等，最后因心肌炎而突然死亡。犊牛发生口蹄疫时，水疱症状不明显，主要表现出血性胃肠炎和心肌麻痹，病死率较高。牛患本病，一般为良性，病死率很低，通常不超过 1% ～ 3%。一旦病情转为恶性口蹄疫，则可发生心脏麻痹而死亡，病死率可达 20% ～ 50%。少数病例病毒侵害呼吸道而引起上呼吸道炎症，有的可能会引发肺炎。

（四）病理变化

除口腔和蹄部的病变外，还可在咽喉、气管、支气管、食道和瘤胃黏膜见到圆形的烂斑或溃疡，皱胃和小肠黏膜也有出血性炎症。发生恶性口蹄疫时，因心肌纤维的变性或坏死，可在心肌切面上见到灰白色或淡黄色条纹与正常心肌相伴而行，如同虎皮状花纹，被称为“虎斑心”。组织学检查可见上皮细胞肿胀变圆，核浓缩，白细胞浸润，细胞坏死，上皮细胞下有充血。

（五）诊断

根据流行病学、临床症状和剖检变化可做出初步诊断，但确诊尚需进行实验室诊断。目前，口蹄疫的检测技术主要有病毒分离技术、血清学检测技术和分子生物学技术等。此外，还应注意本病与下列相似疾病之间的区别。

（1）牛传染性水疱性口炎

流行范围小，发病率低，极少发生死亡。马属动物可发病。

（2）牛传染性溃疡性口炎

主要发生于幼牛。病变是在口腔黏膜、鼻镜、鼻孔的上皮细胞发生火山样溃疡，病变周围呈突起而粗糙的棕色斑。无水疱和全身症状。

（3）牛病毒性腹泻——黏膜病

地方性流行，羊、猪感染但不发病。牛见不到明显的水疱，烂斑小而浅表，不如口蹄疫严重，除口腔黏膜充血和出现烂斑外，还表现结膜炎、浆液性鼻炎、严重腹泻以及消化道特别是食道糜烂、溃疡。

（4）牛瘟

传播猛烈，病死率高；口腔黏膜烂斑边缘不整齐呈锯齿状，坏死上皮易撕下，且无蹄部和乳房病变；胃肠炎严重，有剧烈腹泻；皱胃和小肠黏膜有溃疡。一般只感染牛，而口蹄疫能同时感染牛、羊和猪。

（六）防治

目前还没有口蹄疫的有效治疗药物，为了控制本病的发生，主要采取如下措施。

（1）报告疫情。当发生口蹄疫或怀疑为口蹄疫时，应迅速上报有关单位，及时采取病料送有关单位鉴定与定型，并通知友邻单位，组织联防。

（2）按着"早、快、严、小"的原则，坚持采取"封锁、隔离、检疫、消毒和预防注射"等综合性防治措施。明确划定疫点、疫区、受威胁区及安全区的界限，及早做到封死疫点、封锁疫区，加强受威胁区和安全区的防范，严防疫情扩散。

（3）根据定型结果，用同型的口蹄疫疫苗高密度、高质量地开展紧急预防注射，使非疫区尽快形成牢固的免疫带。发生口蹄疫后的地区，每年进行春秋两次预防注射，连续注射 3 年。

（4）在交通要道设立兽医检疫消毒站，负责过往车辆、人畜、物资的检疫消毒工作，严禁疫区牲畜和畜产品外运。疫区和威胁区设立流动哨，严禁人畜往来。最后一头病畜死亡或痊愈后 21 天，彻底消毒后，经有关部门批准才可解除封锁。

（5）局部病变可用 3% 盐水、0.1% 高锰酸钾液冲洗；也可涂以蜂蜜、碘甘油，或撒布青黛散以及大黄粉。民间多用豆面粉或香豆（胡芦巴）草研末撒布口腔。蹄部溃烂可涂以稀碘酊。

（6）对症治疗。对于继发感染的病畜可配合应用抗生素。而对于心跳特快节律不齐的病畜可用 10% 水杨酸钠 100 mL、40% 乌洛托品 60 mL、5% 氯化钙 80 mL、10% 葡萄糖 7 mL。对有腹泻症状而无水疱型口蹄疫的幼畜，可用黄连 10 g、黄芩 10 g、黄柏 10 g、栀子 10 g、石榴皮 10 g、贯仲 6 g 煎汁服，肌注 1% 硫酸黄连素 10 mL。病犊牛用 10% 磺胺嘧啶钠 30 mL、5% 葡萄糖 500 mL、40% 乌洛托品 15 mL 混合静注。羊的对症治疗参照牛的治疗方法，药物用量按体重酌减。

## 二、布鲁氏菌病

布鲁氏菌病是由布鲁氏菌引起的一种人畜共患性传染病。临床特征是生殖系统受到严重侵害，母畜主要表现为流产不孕、子宫内膜炎、胎膜炎；公畜则表现为睾丸炎、附睾炎；此外，还可表现为腱鞘炎和关节炎。人也可感

染，表现为长期发热、多汗、关节痛、神经痛及肝、脾肿大等症状。本病分布广泛，严重损害人和动物的健康。

（一）病原

布鲁氏菌为革兰阴性短小杆菌或球杆菌，菌体无鞭毛，不形成芽孢，有毒力的菌株可带菲薄的荚膜。布鲁氏菌属分为 6 个种 19 个生物型，6 个种分别为马耳他布鲁氏菌（羊布鲁氏菌）、流产布鲁氏菌（牛种布鲁氏菌）、猪布鲁氏菌、绵羊布鲁氏菌、沙林鼠布鲁氏菌以及犬布鲁氏菌。目前我国已分离到 15 个生物型。因各个种及其生物型的毒力有所差异，故致病力也不相同。临床上以羊、牛、猪三种布鲁氏菌的意义最大，其中羊布鲁氏菌的致病力最强。

布鲁氏菌在自然环境中活力较强，在患病动物的分泌物、排泄物及病死动物的脏器中能生存数月。但对热敏感，一般在直射阳光作用下 0.5 ～ 4.0 小时死亡，70℃条件下 10 分钟死亡；对常用化学消毒剂较敏感，用 2% ～ 3% 克辽林、3% 有效氯的漂白粉溶液、1% 来苏儿、2% 甲醛或 5% 生石灰乳等进行消毒均有效。本菌对四环素最敏感，其次是链霉素和土霉素，但对杆菌肽、多黏菌素 B 和 M 及林可霉素有很强的抵抗力。

（二）流行病学

本病流行于世界各地，牛、羊、猪最易感。目前已知有 60 多种驯养动物、野生动物是布鲁氏菌的宿主，其中羊布鲁氏菌对绵羊、山羊、牛、鹿和人的致病性较强；牛布鲁氏菌对牛、水牛、牦牛以及马和人的致病力较强；猪布鲁氏菌对猪、野兔、人等的致病力较强。

病畜和带菌动物是本病的主要传染源（包括人和野生动物）。特别是受感染的妊娠母畜，可从乳汁、粪便、流产胎儿、胎水和胎衣及阴道分泌物等排出病原菌，污染草场、畜舍、饮水、饲料及排水沟等。若公畜睾丸炎精囊中带菌，可随交配或人工授精感染母畜。

本病主要是经消化道感染，其次也可经过阴道、皮肤、结膜、自然配种和呼吸道等而侵入机体感染。吸血昆虫也可传播本病。

本病呈地方性流行，一年四季均可发生，无明显季节性流行特征，但以产仔季节为多。新疫区牛群可呈爆发式的流行；老疫区的牛群一般较少发生大批流行性传染，但关节炎、子宫内膜炎、胎衣不下、屡配不孕、睾丸炎等现象的出现次数逐渐增多。

## （三）临床症状

1. 牛

潜伏期长短不一，通常由病原菌毒力、感染剂量及感染时母牛的妊娠阶段而定，一般为 14 ～ 120 天。患牛多为隐性感染。妊娠母牛的流产多发生于妊娠后 6 ～ 8 个月，产出死胎或软弱胎儿。流产前阴道黏膜潮红肿胀，有粟粒大的红色结节，阴唇和乳房肿大，肩部和肋部下陷，乳汁呈初乳性质，不久即发生流产。流产后常伴有胎衣滞留和子宫内膜炎，阴道排出污灰色或棕红色恶臭分泌物，持续 1 ～ 2 周后消失，或因慢性子宫内膜炎而造成不孕。通常妊娠母牛只发生 1 次流产，第 2 胎多为正常。

有的病牛还可发生关节炎、淋巴结炎和滑液囊炎，患病公牛常发生睾丸炎和附睾炎，睾丸肿大，触之疼痛。

2. 羊

主要表现为流产，多发于妊娠后 3 ～ 4 个月。流产前症状一般不明显。部分病羊可在流产前 2 ～ 3 天表现为精神沉郁、食欲减退、口渴、体温升高、喜卧等症状，阴道流出黄色黏液性或带血的分泌物；有的还出现关节炎、滑膜炎及支气管炎等。公羊感染后常见睾丸炎、附睾炎及多发性关节炎。

## （四）病理变化

牛、羊的病变基本相同，主要是子宫内部的变化。子宫绒毛膜间隙中有灰色或黄色无气味的胶冻样渗出物，绒毛膜有坏死灶，表面覆有黄色坏死物。胎膜水肿肥厚，表面覆有纤维素絮状物和脓液。胎儿皮下呈浆液性或出血性浸润，全身浆膜和黏膜有出血斑点，脾和淋巴结肿大，胸腔积液并含有纤维素块，肺有支气管肺炎，胎儿皱胃内有淡黄色或白色黏液及纤维素样絮状物。公牛可发生化脓性、坏死性睾丸炎和附睾炎，睾丸显著肿大，被膜与外层的浆膜相粘连，切面具有坏死灶或化脓灶。慢性病例除实质萎缩外，还可见到淋巴细胞浸润，阴茎红肿，黏膜上出现小而硬的结节。

## （五）诊断

依据流行病学、临床症状（如流产、胎盘滞留、关节炎或睾丸炎）可怀疑为本病。

确诊可通过细菌学、生物学、血清学等实验室检测手段。

1. 细菌学检查

通常取流产胎儿、胎盘、阴道分泌物或乳汁等作为病料，直接镜检或同时接种于含 10% 马血清的马丁琼脂斜面，如病料有污染可以用选择性培养基。

2. 血清学试验

血清学试验既可做出迅速诊断，又可帮助分析患病动物机体的病情动态。布鲁氏菌病诊断常用的免疫学方法包括缓冲布鲁氏菌抗原凝集试验、补体结合试验、间接 ELISA 和布鲁氏菌皮肤变态反应等。由于布鲁氏菌进入动物机体后可不断刺激机体，先后产生凝集性抗体、调理素、补体结合抗体和沉淀抗体等，因此检查血清抗体对分析和诊断病情具有重要意义。凝集试验（包括试管凝集试验、虎红平板凝集试验、平板凝集试验、全乳环状试验）和补体结合试验二者可以结合应用，以互相补充。动物感染布鲁氏菌后 5 ～ 7 天，血液中即可出现凝集素并在流产后 7 ～ 15 天达最高峰，后经一定时期逐渐下降。血清中补体结合抗体的出现晚于凝集素，一般出现于感染后的 2 周左右，但持续时间长；通常凝集试验滴度降至疑似或阴性时，补体结合反应仍为阳性。

（六）防治

本病治疗效果不佳，因此对病畜一般不作治疗，直接屠宰淘汰。预防和消灭本病的有效措施是检疫、隔离、控制传染源、切断传播途径、培养健康畜群及免疫接种。

1. 未感染畜群

应通过严格的动物检疫制度阻止带菌动物引入，一经发现病畜，立即淘汰；并且坚持自繁自养制度，必须引种或扩群时，需隔离饲养 2 个月，同时进行布氏杆菌病的检测，全群两次检测阴性者，方可与原有畜群接触；不从疫区引进可能被病菌污染的饲草、饲料和动物产品；尽量减少动物群的移动，防止误入疫区。

2. 发病畜群

（1）每年定期检疫至少 2 次，凡在疫区接种过菌苗的动物应在免疫后 12 ～ 36 个月时检疫。

（2）隔离和淘汰病畜。

（3）严格消毒制度，对病畜污染过的圈舍、运动场、饲槽等都要进行严格消毒，乳汁煮沸消毒，粪便发酵处理。

（4）培育健康幼畜，可由犊牛着手，并可与培养无结核病牛群结合进行。先将初生犊牛立刻隔离，用母牛初乳人工饲喂 5 ～ 10 天，然后用健康牛乳或巴氏灭菌牛乳饲喂，第 5 个月和第 9 个月各进行 1 次抗体检测，全部阴性时即可认为是健康犊牛。

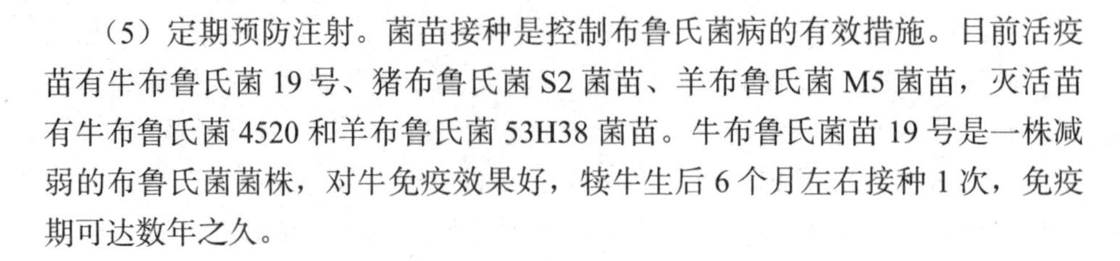

（5）定期预防注射。菌苗接种是控制布鲁氏菌病的有效措施。目前活疫苗有牛布鲁氏菌 19 号、猪布鲁氏菌 S2 菌苗、羊布鲁氏菌 M5 菌苗，灭活苗有牛布鲁氏菌 4520 和羊布鲁氏菌 53H38 菌苗。牛布鲁氏菌苗 19 号是一株减弱的布鲁氏菌菌株，对牛免疫效果好，犊牛生后 6 个月左右接种 1 次，免疫期可达数年之久。

## 三、结核病

结核病是由结核分枝杆菌引起的人畜共患的慢性传染病。病理特征是多种组织器官中形成结核性结节、肉芽肿、干酪样坏死和钙化结节等病变。临床特征表现为贫血、渐进性消瘦、咳嗽、体虚无力。该病曾广泛流行于世界各国，以奶牛业发达国家最为严重，同时也给养牛业造成了巨大的经济损失。

### （一）病原

病原为分枝杆菌属的一群细菌。结核分枝杆菌分 3 个型，即牛型、人型和禽型，其中以牛型的致病力最强，常能引起各种家畜的全身性结核且三者有交叉感染现象。结核杆菌是一种纤细、平直或稍弯曲的杆菌，常呈单独或平行排列，多为棍棒状，间有分枝。无芽孢，荚膜不能运动，为严格需氧菌的革兰染色阳性菌。用鉴别分枝杆菌的二氏抗酸染色法可染成红色。

由于结核分枝杆菌细胞壁中含丰富的蜡脂类，因此对外界环境的抵抗力较强。在干燥的痰内可存活 10 个月，粪便、土壤中可存活 6 ～ 7 个月，常水中可存活 5 个月，奶中可存活 90 天，在阳光直射下 2 小时仍可存活。对热的抵抗力不强，60℃～ 70℃经 10 ～ 15 分钟，或在 100℃水中立即死亡。对 4% 氢氧化钠和 4% 硫酸有相对的耐受性，对低浓度的结晶紫和孔雀绿等染料也有抵抗力。5% 来苏儿 48 小时、5% 甲醛溶液 12 小时可杀死本菌。对紫外线敏感，在 70% 的酒精、10% 漂白粉中很快死亡。碘化物消毒效果最佳，但对无机酸、有机酸、碱类和季铵盐具有抵抗力。

对一般抗生素和磺胺类药物均不敏感，但对链霉素、异烟肼、对氨基水杨酸和环丝氨酸等药物敏感。

### （二）流行病学

本病可侵害多种动物，据报道，约有 50 种哺乳动物、25 种禽类可感染该病。动物中以奶牛最易感，次为黄牛、牦牛、水牛、猪和家禽，而羊较少发病。野生动物中猴、鹿较常见，狮、豹等也可发生。不同型分枝杆菌有不同的宿主范围。人型主要侵害人、猿、猴等，少见于牛、猪，最敏感的试验

动物是豚鼠，家兔的感受性较差；牛型主要侵害牛，也可感染人、绵羊、山羊、猪及犬，最敏感的试验动物是兔，豚鼠次之；禽型主要侵害家禽和水禽，其中鸡和鸽最易感染，鹅和鸭次之，牛、猪和人也可感染，试验动物以家兔最敏感，豚鼠感受性较低。

本病主要通过呼吸道和消化道感染，也可通过交配感染。饲草、饲料被污染后通过消化道感染也是一个重要的途径。犊牛的感染主要是吮吸带菌乳而引起。

本病扩散无明显的季节性和地区性，多为散发。饲养管理不良、使役过重、牛舍过于拥挤、通风不良、潮湿、阳光不足，是造成本病扩散的重要因素。

### （三）临床症状

潜伏期长短不一，短者一般为十几天，长者可达数月或数年。通常为慢性经过，初期症状不明显，随病程逐渐延长，症状则逐渐显露。由于患病器官不同，症状也不一致。牛结核病常表现为肺结核、乳房结核、淋巴结核，有时可见肠结核、生殖器结核、脑结核、浆膜结核及全身性结核。

#### 1. 肺结核

病初临床症状不明显，偶尔有轻度的体温升高、机体不适，易疲劳或轻度咳嗽，特别是在起立运动或驱赶至户外呼吸冷空气时易发生咳嗽。随着病情的发展，咳嗽逐渐加重、频繁，并有黏液性鼻汁流出，呼吸次数增加，严重时发生气喘。胸部听诊常有啰音和摩擦音，叩诊有浊音区。患病牛日渐消瘦、贫血。体表淋巴结肿大，有硬结而无热痛。当纵膈淋巴结肿大压迫食道时，病牛有慢性胀气症状。病势恶化时可见病牛体温升高（达40℃以上），呈弛张热或稽留热，呼吸更加困难，常因心力衰竭而死亡。

#### 2. 肠结核

多见于犊牛，表现为消化不良，食欲不振，顽固性下痢，迅速消瘦。

#### 3. 淋巴结核

可见于结核病的各个病型，淋巴结肿大，无热痛，常见于肩前、股前、腹股沟、颌下咽及颈淋巴结等。

#### 4. 生殖器官结核

可表现出性功能紊乱，发情频繁、性欲亢进，但屡配不孕，妊娠牛易流产。公畜精液品质下降，附睾及睾丸肿大，阴茎前部发生结节、糜烂等。

#### 5. 乳房结核

乳房上淋巴结肿大，乳房有局限性或弥散性硬结，无热无痛。泌乳量逐渐下降，初期乳汁无明显变化，严重时乳汁常变得稀薄如水，甚至泌乳停止。

由于肿块形成和乳腺萎缩，两侧乳房变得不对称，乳头变形、位置异常。

6. 脑与脑膜结核

病牛常有神经症状表现，如癫痫样发作或运动障碍等。

### （四）病理变化

结核病变随各种动物机体反应的差异而不同，可分为增生性结核和渗出性结核两种，或者两种病灶同时混合存在。常见于肺、肺门淋巴结、纵膈淋巴结，肠系膜淋巴结的表面或切面常有很多突起的白色或黄色结节，切开后有干酪样的坏死，有的见有钙化，刀切时有砂砾感。有时肺内的坏死组织溶解和软化，排出后形成肺空洞。胸腔或腹腔浆膜可发生密集的结核结节，质地坚硬，粟粒大至豌豆大小，呈灰白色的半透明或不透明状，即所谓“珍珠病”。胃肠黏膜可能有大小不等的结核结节或溃疡。乳房结核多发生于进行性病例，是由血行蔓延到乳房而发生。切开乳房可见大小不等的病灶，内含干酪样物质。

### （五）诊断

根据不明原因的逐渐消瘦、咳嗽、肺部异常、慢性乳腺炎、顽固性下痢、体表淋巴结慢性肿胀等症状，可怀疑为本病并做出初步诊断。确诊最好用结核菌素变态反应试验，这也是目前国际上通用并推荐的诊断方法。但由于动物个体不同、结核杆菌菌型不同等原因，结核菌素变态反应试验尚不能检出全部结核病动物，可能会出现非特异性反应，因此必须结合流行病学、临床症状、病理变化和微生物学等检查方法进行综合判断，才能作出可靠、准确的诊断。

### （六）防治

该病的综合性防疫措施通常包括：加强对引进动物的检疫，防止引进带菌动物；净化污染群，培育健康动物群；加强饲养管理和环境消毒，增强动物的抗病能力，消灭环境中存在的病原体等。

（1）引进动物时，应进行严格的隔离检疫，经结核菌素变态反应确认为阴性时方可解除隔离、混群饲养。

（2）每年对牛群进行反复多次的普检，淘汰变态反应为阳性的病牛，尤其是奶牛。通常牛群每隔 3 个月进行 1 次检疫，连续 3 次检疫均为阴性反应者为健康牛群。检出的阳性牛应及时淘汰，其所在的牛群应经常地定期进行检疫和临床检查，必要时进行细菌学检查，以发现可能被感染的病牛。

（3）每年定期进行 2 ～ 4 次的环境彻底消毒，发现阳性病牛时应及时进

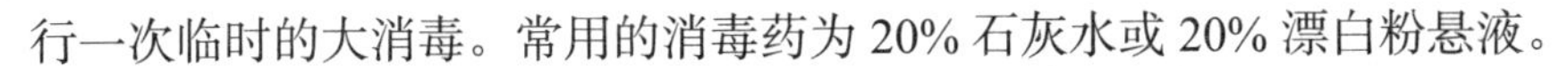

行一次临时的大消毒。常用的消毒药为20%石灰水或20%漂白粉悬液。

（4）患结核病的动物应及时淘汰处理，不提倡治疗。可用卡介苗预防结核病，对1月龄犊牛胸垂皮下注射卡介苗50～100 mL，以后每年接种1次。但由于注射卡介苗以后可导致终生变态反应阳性，影响检疫和牲畜的交易，一般不主张用此方法进行预防。

## 第三节 繁殖疾病防治

### 一、胎衣不下

胎衣不下是指母畜分娩后不能在正常时间内将胎膜完全排出。胎衣排出时间，牛需2～8小时，长者可达12小时；绵羊为0.5～4.0小时；其他羊为0.5～2.0小时。

（一）病因

主要原因是母畜产后子宫收缩无力和妊娠期间胎盘发生炎症造成粘连，使胎衣无法产下。此外也与胎盘构造（绒毛膜型胎盘）及应激反应有关。

（二）症状与诊断

胎衣不下有全部不下和部分不下两种。

1. 胎衣全部不下。胎衣全部不下是指胎儿胎盘大部分与子宫黏膜连接，仅见小部分吊于阴门外。悬垂于阴门外的胎膜表面有大小不等的稍突起的朱红色的胎儿胎盘，如果1～2天胎衣仍不下时，就会腐败分解发出特殊的腐败臭味，并有红褐色的恶臭黏液和胎衣碎块从子宫排出，且牛卧下时排出量显著增多，子宫颈口不完全闭锁。在此之下可发生急性子宫内膜炎，有的甚至出现全身症状。初期仅见拱背、举尾及努责。当腐败产物被吸收后，可见体温升高、脉搏增数、反刍及食欲减退或停止、前胃弛缓腹泻、泌乳减少或停止等状况。

2. 胎衣部分不下。胎衣部分不下是指胎儿胎盘大部分已排出，只残留一小部分或个别胎儿胎盘（指多胎）仍存留于子宫内。胎衣不下常伴发子宫炎和子宫颈延迟封闭，恶露排出时间的延长和有臭味散发，且其腐败分解产物可被机体吸收而引起全身性反应。

（三）防治

1. 预防

（1）加强饲养管理，增加母畜的运动，注意日粮中钙、磷、维生素 A 及维生素 D 的补充，做好布鲁氏菌病、沙门氏菌病和结核病等的防治工作。

（2）分娩后让母畜舔干仔畜身上的黏液；尽可能给母畜灌服些羊水；让仔畜尽早吮吸乳汁或挤奶喂食，以促进子宫收缩。

（3）分娩时保持环境的卫生和安静，以防止和减少胎衣不下的发生。

2. 治疗

（1）药物疗法

①神经垂体素注射液或催产素注射液 50 万～ 100 万 IU，皮下或肌肉注射。或用马来酸麦角新碱注射液 5 ～ 15 mg，肌肉注射。

②己烯雌酚注射液，牛 10 ～ 30 mg，肌肉注射，每日或隔日一次。

③ 10% 氯化钠溶液 300 ～ 500 mL 静脉注射，或 3 000 ～ 5 000 mL 子宫内灌注，具有良好的疗效。为预防胎衣腐败及子宫感染，可向子宫内注入抗生素（土霉素、氯霉素、四环素等均可）1 ～ 3 g，隔日一次，连用 1 ～ 3 次。

④胃蛋白酶 20 g、稀盐酸 15 mL、水 300 mL，混合后子宫灌注，以促进胎衣的自溶分离。

（2）手术剥离

手术剥离是用手指将胎儿胎盘与母体胎盘分离的一种方法。剥离前先将病畜固定，灌肠排粪，裹尾，对阴门及其周围进行消毒。剥离时，以既不残存胎儿胎盘又不损伤母体胎盘为原则。术后应向子宫送入适量抗菌防腐药。

牛的胎衣手术剥离宜在产后 10 ～ 36 小时进行。因母子胎盘结合紧密，过早剥离不仅造成母畜疼痛而强烈努责，而且易损伤子宫，造成较多出血；因胎衣分解，胎儿胎盘的绒毛断离在母体胎盘小窦中，过迟剥离不仅造成残留，而且易引起继发子宫内膜炎。剥离时，术者一只手握住阴门外的胎衣并稍作牵拉，另一只手伸入子宫内，沿子宫壁或胎膜找到子叶基部，向胎盘滑动，以无名指、小指和掌心夹住胎儿胎盘周围的绒毛膜成束状，并以拇指辅助固定子叶。然后以食指及中指先剥离子宫体部胎盘，待剥离半周后，食、中两指缠绕该胎盘周围的绒毛膜，以扭转的形式将绒毛从小窦中拔出。若母子胎盘结合不牢或胎盘很小时，可不经剥离，以扭转的方式使其脱离。子宫角尖端的胎盘，手难以达到，可握住胎衣，随患畜努责的节律轻轻牵拉，借子宫角的反射性收缩而上升后，再行剥离，剥离胎衣必须彻底，不可遗留胎衣残片在子宫内。

为了防止子宫感染或胎衣腐败而引起子宫炎及败血症，在手术剥离之后，

应放置或灌注抗菌防腐药，如四环素、金霉素，也可用土霉素、雷佛奴尔等；或用下列合剂：①磺胺噻唑 10 g，磺胺增效剂 1 g，呋喃西林 1 g，混合后装入胶囊放入子宫。②尿素 1 g，磺胺增效剂 1 g，磺胺噻唑 10 g，呋喃西林 1 g，混合后装入胶囊放入子宫。

## 二、子宫内膜炎

子宫内膜炎是指子宫黏膜的炎症，是一种常见的母畜生殖器官疾病，也是导致母畜不育的重要原因之一。

### （一）病因

由流产、分娩、配种、助产、剥离胎衣、子宫脱出等过程中消毒不严、动作粗暴以及产道损伤后细菌侵入等原因引起；阴道内存在的某些条件性病原菌，在机体抗病力降低时，也可引发本病。此外，卫生不良、应激反应及某些特异性病原微生物，如结核杆菌、布氏杆菌、沙门氏菌等均可引发此病。

### （二）症状

1. 隐性子宫内膜炎

无明显症状，性周期、发情和排卵均正常，但屡配不孕，或配种受孕后发生流产，发情时从阴道中流出较多的混浊或混有很小脓片的黏液。

2. 急性子宫内膜炎

多于产后 5 ～ 8 天发病。病畜出现体温略有升高，食欲减退，精神沉郁、反刍无力、逐渐消瘦等症状，全身症状轻微，主要表现为泌乳量下降、拱背努责，从阴道内排出大量炎性分泌物。分泌物的性质有浆液性、黏液性、化脓性坏死性，颜色由污红色至棕黄色等，腥臭，含絮状物或胎衣碎片。阴道检查可见宫颈外口充血、肿胀；直肠检查可见子宫角变粗下沉。若有渗出液积聚时，压之有波动感，本病往往并发卵巢囊肿。

3. 慢性脓性子宫内膜炎

经常从阴门排出少量稀薄、污白色或混有脓液的分泌物，特别是在发情时排出量较多，阴道和子宫颈黏膜充血，性周期紊乱或不发情。直肠检查可发现子宫壁增厚，宫缩反应微弱或消失。

### （三）防治

1. 预防加强饲养管理，做好传染病的防治工作

（1）在人工授精及阴道检查时，注意消毒，操作宜轻。

（2）在临产前和产后，对产房、母畜的阴门及其周围进行消毒，以保持

清洁卫生。

（3）对正常分娩或难产时的助产，以及胎衣不下的治疗，要及时、正确，以防损伤和感染。

2. 防治常用方法

（1）子宫冲洗

选用 0.1% 复方碘溶液、0.1% ～ 0.3% 高锰酸钾溶液、0.1% ～ 0.2% 雷佛奴尔溶液、1% ～ 2% 碳酸氢钠溶液，每日或隔日冲洗子宫，至冲洗液变清为止。患隐性子宫内膜炎时，可用糖—碳酸氢钠—盐溶液（葡萄糖 9 g，碳酸氢钠 32 g，氯化钠 18 g，蒸馏水 1 000 mL）500 mL 冲洗子宫。但对纤维蛋白性子宫内膜炎，应禁止冲洗子宫，以防炎症扩散。为了消除子宫内渗出物，可用药物促使子宫收缩，并向子宫腔内投入土霉素胶囊。

（2）子宫灌注抗生素

子宫灌注抗生素可采用下列药物中的一种：土霉素粉 2 g；四环素粉 2 g；金霉素 1 g；青霉素 80 万～ 100 万 IU；溶于蒸馏水 100 ～ 200 mL，一次注入子宫。每日或隔日一次，直至排出的分泌物量变少而洁净清亮为止。对于隐性子宫内膜炎，在配种前 2 小时，向子宫内注入用青霉素 160 万 IU、链霉素 100 万 IU、生理盐水 50 mL 或青霉素、红霉素、垂体后叶素的混悬液 50 mL；在配种后 2 小时，再灌注一次青霉素 320 万 IU、链霉素 200 万 IU、生理盐水 50 mL，可提高受胎率。

为临床应用方便，子宫冲洗和子宫灌注抗生素可同步进行，也可用土霉素或庆大霉素 80 万 IU 或丁胺卡那霉素 3 g，生理盐水 500 ～ 100 mL。

（3）应用子宫收缩剂

为增强子宫收缩力，促进渗出物的排出，可给予垂体后叶素、氨甲酰胆碱、麦角制剂等促进子宫收缩。

## 三、卵巢囊肿

卵巢囊肿是指在卵巢上形成囊性肿物，数量为 1 个到多个，卵巢囊肿包括卵泡囊肿和黄体囊肿两种。

卵泡囊肿为卵泡上皮细胞变性、卵泡壁增生变厚、卵细胞死亡，致使卵泡发育中断，而卵泡液未被吸收或增生所形成。呈单个或多个存在于一侧或两侧卵巢上，壁较薄。黄体囊肿是由于未排卵的卵泡壁上皮黄体化而形成，或排卵后黄体化不足，黄体的中心出现充满液体的腔体而形成（囊肿黄体）。一般为单个，存在于侧卵巢上，壁较厚。

奶牛的卵巢囊肿多发生于第 4 ～ 5 胎产奶量最高期间，而且以卵泡囊肿

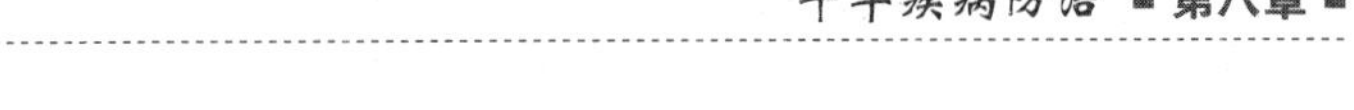

居多，黄体化囊肿只占25%左右。肉牛发病率较低。

（一）病因

引起卵巢囊肿的原因目前尚不完全清楚。但下列因素可能诱发卵巢囊肿：饲料中缺乏维生素A或富含雌激素；饲喂精料过多且缺乏运动，尤以泌乳盛期高产牛多发；激素制剂应用不当、剂量过多，可诱发囊肿；子宫内膜炎、胎衣不下及其卵巢疾病引起卵巢炎，使排卵受到影响；卵泡发育过程中气候等环境因素突变，牛发生应激反应引起排卵障碍。此外，本病的发生也与遗传有关。

（二）症状

牛卵巢囊肿常发生于产后60天以内，以15～40天为多见，也有在产后120天发生的情况。卵泡囊肿多在牛的4～6胎发生，患牛表现为无规律的频繁发情或持续发情，发情周期变短，发情期延长；发展到严重阶段，持续表现强烈的发情行为而成为慕雄狂，性欲亢进，喜爬跨或被爬跨；严重时，性情粗野好斗，经常发出犹如公牛般的吼叫，对外界刺激敏感，外阴部充血、肿胀，触诊呈面团感，阴道经常流出大量透明黏稠分泌物，但无牵缕状。

直肠检查时，发现单侧或双侧卵巢体积增大，有1个或数个囊壁紧张而有波动的囊泡，直径通常在2～5 cm，表面光滑，无排卵突起或痕迹。囊泡壁薄厚不均，触压无痛感，有弹性，坚韧，不易破裂。子宫肥厚，松弛下垂，收缩迟缓。如伴发子宫积液，触之则有波动感。

黄体囊肿时主要表现为母牛不发情。牛黄体囊肿多为1个，大小与卵泡囊肿相似，但壁厚而软，存在时间长，多超过一个发情周期，母牛仍不发情，可确诊。

（三）诊断

通过了解母畜繁殖史，配合临床检查，如果发现有慕雄狂的病史、发情周期短或不规则，即可怀疑此病。

直肠检查发现卵巢体积增大，有1个或数个从表面突起、囊壁紧张而有波动、表面光滑、触压有弹性、坚韧、不易破裂的囊泡时即可确诊。

（四）防治

1. 预防

改善饲养管理条件，喂给全价并富含维生素A及维生素E的饲料，防止精料过多。适当减少运动，或避免应激反应发生，合理使役，防止过劳和运动不足。对正常发情的母畜，要适时配种或授精，对其他生殖器官疾病，应及早合理地治疗。

2. 治疗

病畜越早治疗效果越好。单侧囊肿一般都能治愈；两侧囊肿，尤其是发病时间长、囊肿数目多时，治疗效果不佳。

（1）激素疗法

肌肉注射绒毛膜促性腺激素（HCG）1 万～ 2 万 IU。一般在用药后 1 ～ 3 天，外表症状逐渐消失，9 天后进行直肠检查，可见卵巢上的囊肿卵泡破裂或被吸收，且无黄体生长。只要有效即应观察一段时期，不可急于用药，以防产生持久黄体。若用药无效，可二次用药，剂量酌情加大，同时配合应用地塞米松 1 020 mg，肌肉或静脉注射，效果比较理想。对于黄体囊肿，除应用上述激素外，用前列腺素或其类似物（氯前列烯醇等）治疗也可取得较好疗效。

（2）碘化钾疗法

碘化钾粉末 3 ～ 9 g 或 1% 水溶液，内服或拌入料中饲喂，每日一次，7 天为一疗程，间隔 5 天，连用 2 ～ 3 个疗程。

（3）挤破囊肿

直肠检查时，依据情况可捏破囊肿，也可达到治愈目的。具体方法是中指及食指夹住卵巢系膜并固定卵巢，拇指逐渐向食指方向挤压，挤破后持续压迫 5 分钟以达到止血的目的。

### （四）中药疗法

以行气活血、破血去瘀为主。可用肉桂 20 g、桂枝 25 g、莪术 30 g、三棱 30 g、藿香 30 g、香附子 40 g、益智仁 25 g、甘草 15 g、二皮各 30 g，研末服用。

## 四、持久黄体

持久黄体也称永久黄体或黄体滞留，是指家畜在分娩后或性周期排卵后，妊娠黄体或发情周期黄体超过正常时限而仍继续保持功能。

从组织构造和对机体的生理作用而言，性周期黄体、妊娠黄体无区别，均可以分泌黄体酮，抑制卵泡发育，使发情周期停止循环，引起不育。此病多数继发于某些子宫疾病，原发性的持久黄体比较少见。

### （一）病因

饲养管理不当，日粮配合不平衡，特别是矿物质、维生素 A、维生素 E

缺乏，运动不足、冬季厩舍寒冷且饲料不足以及矿物质代谢障碍等，都会引起卵巢功能减退；高产奶牛由于消耗过大，以致卵巢营养不足；子宫疾病，如子宫炎、子宫积脓及积水、胎儿死亡未被排出、产后子宫复旧不全、部分胎衣滞留及子宫肿瘤等，都会使黄体不能按时消退，而成为持久黄体。

（二）症状

母牛发情周期停止，长期不发情，直肠检查时可触到一侧或两侧卵巢增大，黄体质地比卵巢实质稍硬。如果超过了应发情的时间而不发情，需间隔5～7天进行一次直肠检查。经2～3次检查，黄体的位置、大小、形状及硬度均无变化，即可确诊为持久黄体。但是，为了与妊娠黄体加以区别，必须仔细检查奶牛子宫。

（三）诊断

依据母牛性周期停滞、长期不发情等症状，结合直肠检查进行确诊。

（四）防治

1. 预防

加强产后母牛的饲养，尽快消除能量负平衡。对产后母牛要加强护理，饲料品质要好，并供应充足的优质青干草，以促进食欲，提高机体采食量。严禁为追求产奶量而过度增加精料。加强对产后母牛健康检查，发现疾病应及时治疗。

2. 治疗

应消除病因，促使黄体自行消退，根据具体情况改进饲养管理。如伴有子宫疾病，应及时治疗。常用的方法有以下几种。

（1）药物治疗

可用前列腺素 $F_{2\alpha}$ 30 mg，一次肌肉注射；甲基前列腺素 $F_{2\alpha}$ 56 mg，一次肌肉注射；也可应用氟前列烯醇或氯前列烯醇0.5～1.0 mg，肌肉注射，注射1次后，一般在一周内即可奏效，如无效，可间隔7～10天重复一次。目前，国内常用的前列腺素类似物为15-甲基前列腺素 $F_{2\alpha}$，一次肌肉注射2～5 mg。此外，还要用垂体促性腺激素、孕马血清促性腺激素、雌二醇、催产素等。

（2）卵巢按摩法

用手隔直肠按摩卵巢，使其充血，每日一次，每次5分钟，连续3次。

（3）氦氖激光照射交巢穴

距离50～60 cm，每日一次，每次照射8分钟，7日为1个疗程，对治疗持久黄体有较好疗效。

（4）黄体穿刺或挤破法

手伸入直肠内，握住卵巢，使卵巢固定于大拇指与其余四指之间，轻轻挤破黄体。

（5）子宫治疗

如伴发子宫炎，应肌肉注射雌二醇 4 ～ 10 mg，促使子宫颈开张，再用庆大霉素 80 万 IU 或土霉素 2 g 或金霉素 1.0 ～ 1.5 g，溶于蒸馏水 5 mL，一次注入子宫，每日或隔日一次，直至阴道分泌物清亮为止。

## 第四节　其他常发疾病防治

### 一、乳腺炎

乳腺炎是乳腺发生的各种不同性质的炎症，是奶牛泌乳期多发的一种乳房疾病。其特点主要是乳汁发生理化性质（颜色改变、乳汁中有凝块）及细菌学变化。

（一）病因

病原微生物感染是引起本病的主要原因。主要的病原菌有链球菌、葡萄球菌、化脓棒状杆菌、大肠杆菌等。其中，以链球菌最常见，它是引起乳腺炎最普遍的病原菌之一，占乳腺炎病原的绝大多数。此外，其他细菌、病毒、真菌、物理性刺激和化学因素，都可引起乳腺炎。而遭受感染的重要因素，主要是管理不当，如挤奶方法不当、褥草污染、挤奶不卫生、病健牛不分别挤奶等，均可造成感染。另外，患子宫内膜炎、生殖器官疾病、产后败血症、布氏杆菌病、结核、胃肠道急性炎症的病牛，也可伴发乳腺炎。

（二）症状

1. 临床型乳腺炎

有明显临床症状，主要表现为乳房患区红肿、热痛，泌乳减少或停止；乳汁发生显著变化，表现乳汁稀薄，含絮状物、乳凝块、纤维凝块、脓汁或血液；严重者伴有精神沉郁、食欲不振、反刍停止及体温升高等全身变化。另外，按炎症性质可分为浆液性、卡他性、纤维素性、化脓性及出血性乳腺炎 5 种。

（1）浆液性乳腺炎

呈急性经过，患区坚实较硬，乳汁初期无变化，但侵害实质时，乳汁呈

稀薄水样，含絮状物。

（2）卡他性乳腺炎

如果是乳头管及乳池卡他，先挤出的奶含有絮片，后挤出的奶不见异常；如果是腺泡卡他，则表现为患区红、肿、热、痛，乳汁呈水样，含絮片，可能出现全身症状。

（3）纤维素性乳腺炎

由于乳房内发生纤维素性渗出，乳汁无法挤出或只能挤出少量乳清或带有纤维素的脓性渗出物，为重剧炎症，有明显的全身症状。触诊热痛有硬块。

（4）化脓性乳腺炎

乳房中有脓性渗出物流入乳池和输乳管腔中，乳汁呈黏脓样，混有脓液和絮状物。

（5）出血性乳腺炎

通常为急性经过，挤奶时有剧痛，乳汁呈水样、淡红或红色，并混有絮状物及血凝块，全身症状明显。

2. 亚临床型乳腺炎

不出现临床症状，仔细检查时，可在乳腺中触摸到硬结节，乳汁中含有絮状凝乳。

3. 隐性型乳腺炎

无临床症状，乳汁也无肉眼可见异常。但是，通过实验室对乳汁检验，可发现被检乳中的病原菌及白细胞数增加（每毫升乳中细胞数超过 50 万即为阳性乳）。

### （三）诊断

临床型乳腺炎临床症状明显，容易发现和诊断。隐性乳腺炎则需用化学方法和细菌学方法进行实验室诊断。

### （四）防治

1. 预防

乳腺炎的危害很大，一方面给乳牛饲养业造成巨大的损失，另一方面也会危害人的健康。因此，预防乳腺炎的发生和蔓延是一件非常重要的工作。

（1）加强饲养管理，保持畜舍及用具卫生定期消毒，定期刷拭牛体。

（2）严格执行操作规程，使用正确挤奶方法，注意挤奶卫生。

（3）母牛产前及时合理停乳，产后加强护理，防止产道分泌物污染乳头。

（4）加强干奶期治疗。干奶期治疗是防治隐性型及临床型乳腺炎的有效措施。具体方法是用青霉素 100 万 IU、链霉素 1 g、2% ～ 3% 硬脂酸铝 2 g

和医用花生油 4 ～ 8 mL，制成油剂混悬液，分别从乳头管口注入 4 个乳区。一般注入 1 ～ 2 次，有良好的预防和治疗效果。

（5）防止乳房发生外伤，及时处理伤口。

2. 治疗

对乳腺炎的治疗，应根据炎症类型、性质及病情等，分别采取相应的治疗措施。

（1）改善饲养管理环境，加强护理。为了减少对发病乳房的刺激，提高机体的抵抗力，牛舍要保持清洁、干燥，注意乳房卫生。为减轻乳腺的内压，应限制泌乳过程，及时排出乳房内容物。停喂或少喂多汁饲料与精料，限量饮水，增加挤奶次数，每隔 2 ～ 3 小时挤奶 1 次，夜间 5 ～ 6 小时挤 1 次。每次挤奶前按摩乳房 15 ～ 20 分钟。根据炎症类型不同，分别采取不同的按摩手法，浆液性炎症宜自下而上按摩，卡他性炎症和化脓性炎症宜自上而下按摩，纤维素性炎、乳房脓肿、乳房蜂窝织炎及出血性炎应禁用按摩（包括其他急性炎症的进行期）。

（2）局部治疗

①急性乳腺炎的初期可进行冷敷 2 天，后可改为温热疗法，每次 30 分钟，每日 2 ～ 3 次；也可将仙人掌去刺，捣碎成泥，将病乳区洗净擦干，按摩并挤净腐败乳汁，再将药泥涂敷于患处，每日 2 次。

②乳房冲洗。挤净乳汁后，对每个患病乳区，经乳头管注入青霉素 50 万 IU 和链霉素 200 mg 的混合液 150 ～ 200 mL，每天 1 ～ 2 次。注入后用手捏住乳头基部，向上轻轻按摩，使药液向上扩散。如果注入青霉素无效时，可用 0.1% 雷夫诺尔溶液或 0.1% 呋喃西林溶液和 1% 硝胺溶液 100 ～ 300 mL 注入乳房内，2 ～ 3 小时后，再慢慢挤出。每日注射 1 ～ 2 次，对治疗纤维素性乳腺炎效果较好。

③乳房内封闭。青霉素 200 万 IU，用 0.5% 盐酸普鲁卡因生理盐水 200 mL 稀释，然后挤净乳汁，用乳导管注入乳叶内，每个乳叶内注入 30 ～ 50 mL，每日注射 1 ～ 2 次。

（3）全身治疗

根据病情，在局部治疗的同时，积极配合全身治疗。可肌肉注射青霉素 200 万～ 240 万 IU，每天 2 ～ 3 次。必要时加链霉素，或应用庆大霉素和红霉素、磺胺类药物及其他抗生素类药物静脉注射。此外，也可用 10% 水杨酸钠注射液 50 ～ 200 mL、40% 乌洛托品注射液 40 ～ 60 mL、10% 氯化钙注射液 50 ～ 50 mL，混合一次静脉注射，每日 1 次。

## 二、腐蹄病

腐蹄病是牛、羊、猪均能发生的一种传染病，其特征是局部组织发炎、坏死并具有腐败恶臭及剧烈疼痛，又称蹄糜烂或慢性坏死性蹄皮炎。

### （一）病因

圈舍和运动场潮湿、不洁是本病的主要原因。此外，蹄过长、芜蹄、蹄叶炎、管理不当、未定期进行修蹄、无完善的护蹄措施、蹄间外伤等均可诱发本病。指（趾）间皮炎的发生也会使趾间抵抗力下降，继而被各种腐败菌感染而致病。

### （二）症状

病初表现为轻度跛行，随病情发展，跛行严重。进行蹄部检查时，初期见蹄间隙、蹄匣和蹄冠红肿、发热，有疼痛反应，之后出现溃烂，挤压时有恶臭的脓性液体流出，更为严重的有肉眼可见的蹄部深层组织坏死，蹄匣脱落。

### （三）诊断

根据临床症状，如病畜跛行、蹄间皮肤红肿、热痛，严重时组织坏死，有恶臭液体流出或蹄匣脱落等，结合病因调查，一般可确诊。

鉴别诊断：

（1）蹄底溃疡（局限性蹄皮炎）

跛行严重、持续时间长。典型症状是底球结合部的角质呈红色、黄色，角质软，疼痛，角质因溃疡而缺损，真皮暴露，或长出菜花样的肉芽组织。

（2）蹄底刺伤

由锐利物体直接刺伤蹄真皮组织所致。突然发生疼痛，跛行明显，检查蹄底可能发现异物存在。蹄部肿胀，蹄抖动，减负体重。

（3）蹄底挫伤

由运动场地面不平，砖头、石块等钝性物体对蹄底挤压，致使真皮损伤所致。修蹄时，蹄角质有黄色、红色、褐色的血斑，经 1 ～ 3 次修蹄，血斑痕迹即可消除。

（4）白线病

主要是因白线处软角质裂开或糜烂，蹄壁角质与蹄底角质分离，泥沙、粪土、石子嵌入，致使真皮发生化脓过程。病牛患蹄减负体重，蹄壁温度增高，疼痛明显，白线色变深，宽度增大，内嵌异物。当伴发继发感染时，体温升高，食欲减退。

### （四）治疗

1. 预防

第一，应加强管理，经常保持圈舍、运动场干燥及清洁卫生，粪便及时处理，运动场内的石块、异物及时清除，保护牛蹄卫生，减少蹄部外伤的发生；第二，应坚持蹄浴，用4%硫酸铜溶液浴蹄，5～7天进行1～2次蹄部喷洒。

2. 治疗

（1）局部处理

先将患蹄修理平整，找出角质部糜烂的黑斑，由糜烂的角质部向内逐渐轻轻搔刮，直到见有黑色腐臭的脓汁流出为止。用4%硫酸铜溶液彻底洗净创口，创内涂10%磷酊，填入松馏油棉球，或放入高锰酸钾粉、硫酸铜粉，包蹄绷带。

（2）全身疗法

如体温升高，食欲减退，或伴有关节炎症时，可用磺胺、抗生素治疗。青霉素500万IU，一次肌肉注射；10%磺胺噻唑钠溶液150～200 mL，10%葡萄糖注射液500 mL，一次静脉注射，每日1次，连续注射7天；碳酸氢钠溶液500 mL，一次静脉注射，连续注射3～5天。金霉素或四环素，剂量为每1 kg体重0.01 g，静脉注射，也有效果。

（3）加强护理

对病牛应加强护理，单独饲喂，促使其尽早痊愈。

## 三、皱胃变位

皱胃变位是指皱胃的正常位置发生改变。按其变位的方向可分为左方变位和右方变位两种类型。左方变位是指皱胃通过瘤胃下方移到左侧腹腔，置于瘤胃和左腹壁之间。右方变位指皱胃从正常的位置以顺时针方向扭转到瓣胃的后上方而置于肝脏与腹壁之间。一般把左方变位称为皱胃变位，而把右方变位称为皱胃扭转。在兽医临床上，绝大多数病例是左方变位，且成年高产奶牛的发病率高，发病高峰在分娩后6周内。犊牛与公牛较少发病。

### （一）病因

皱胃变位的基本原因有皱胃弛缓以及相关的机械因素。

1. 皱胃弛缓

由于皱胃功能障碍，导致皱胃扩张和充气，容易因受压而游走变位。造成皱胃弛缓的原因包括一些营养代谢性疾病或感染性疾病，如酮病、低钙血症、生产瘫痪、牛妊娠毒血症、子宫炎、乳腺炎、胎衣不下、消化不良，以

及喂饲劣质饲料或运动不足等。此外，上述疾病可使病畜食欲减退，导致瘤胃体积减小，也会促进皱胃变位的发生。

2. 皱胃机械性转移

多发于妊娠后期，由于子宫逐渐增大而沉重，将瘤胃从腹腔底抬高，而致皱胃向左方移位。分娩时，由于胎儿被产出，瘤胃恢复下沉，致使皱胃被压到瘤胃与左腹壁之间。此外，爬跨、翻滚、跳跃、剧烈运动等情况，也可能诱发本病。

（二）症状

1. 左方变位

皱胃左方变位，病牛初期前胃弛缓症状久治不愈。病情时好时坏，食欲减退，厌食精料，多数病牛只对粗饲料仍保留一些食欲，泌乳量下降1/3 ～ 1/2，病牛多无明显的全身症状。通常排粪较正常，或有轻度的腹泻与便秘交替出现，排粪量减少，粪便呈糊状，深绿色。随病程发展，左腹膨大，左侧肋弓突起，瘤胃蠕动音减弱或消失。在左腹听诊，能听到与瘤胃蠕动时间不一致的皱胃蠕动音。在左腹部后 3 个肋骨与肩关节水平线上下呈椭圆形区域内叩诊，同时结合听诊，可听到高亢的鼓音或典型的钢管音。在左侧肋弓下进行冲击式触诊可听到振水音（液体振荡音）。

于钢管音、振水音最明显处穿刺，可穿出酸臭气体及淡黄色混有草屑的液体，用广泛 pH 试纸测试，pH 在 1 ～ 4 即可确诊。在最后肋骨后缘可明显地触到一个向后隆起有弹性的大囊，此为典型症状，于此囊后方肷部向深部触诊可触到坚实的瘤胃。

直肠检查时，可发现瘤胃背囊明显右移。但皱胃左方变位这种典型症状时有时无，有部分病例症状表现时间较短，间隔时间较长。有的病牛可出现继发性酮病，呼气和乳汁带有酮气味。

2. 右方变位

病牛皱胃右方变位与左方变位症状很相似，且可相互变化，只是局部症状出现在右侧。患病后病情急剧，食欲减退或废绝，腹痛，背腰下沉，磨牙、呻吟，后肢踢腹。泌乳量急剧下降，体温一般正常或偏低，心率加快，出现碱中毒症状。瘤胃蠕动音消失，粪便呈黑色、糊状，有恶臭味。可见右腹膨大或肋弓突起，冲击式触诊可听到液体振荡音。在右腹听诊同时叩打最后两个肋骨时，可听到典型的钢管音。直肠检查时，在右腹部可触摸到臌胀而紧张的皱胃。从臌胀部位穿刺皱胃，穿刺液早期为淡黄色，pH 为 1 ～ 4，后期为褐色，pH 低于 6。

## （三）诊断

1. 皱胃左方变位

（1）常见于高产母牛，多数发生在分娩之后，少数发生在产前。

（2）个别病牛有腹痛和拒食，多数病牛仍保留一些食欲，粪便稀薄或腹泻。也有个别病牛呼气和乳汁带有酮气味。

（3）左侧最后 3 个肋骨弓间突起膨大。

（4）左侧第 11 肋间中部听诊，能听到与瘤胃蠕动不一致的皱胃音，叩诊含气皱胃呈钢管音。

（5）皱胃穿刺检查，胃液呈酸性反应，pH 为 1 ～ 4，而直肠检查可发现瘤胃背囊明显右移，有时能摸到皱胃。但体温、呼吸、脉搏基本正常。

2. 皱胃右方变位

（1）急性病例，突发腹痛，腰背下沉，后肢踢腹，粪便黑色，有恶臭味。

（2）幽门阻塞，引起皱胃臌气和积液，右腹肋弓后方明显膨胀。做冲击性触诊和振摇，可听到一种液体振荡音，局部听诊，并用手指叩打听诊器周围，可听到高调的“乒乓”音。穿刺液多为淡红色至咖啡色，pH 为 3.0 ～ 6.5。

（3）直检时在右侧腹部能触摸到膨胀而紧张的皱胃。

（4）体温多在 39.0℃～ 39.5℃、每分钟呼吸 20 ～ 50 次、每分钟心跳 90 ～ 120 次，病牛失水，眼球下陷。

（5）轻度扭转时，病程较长，可达 10 ～ 14 天，但严重扭转而呈急性者，病程较短，可在 2 ～ 3 天内死亡，有时由于皱胃高度扩张，以致发生大网膜撕裂及皱胃破裂和突然死亡。

## （四）防治

1. 皱胃左方变位

（1）预防

合理配制日粮，日粮中的谷物饲料、青贮饲料和优质干草的比例应适当，对发生乳腺炎、子宫炎、酮病等疾病的病畜应及时治疗；在奶牛的育种方面，应注意选育既后躯宽大，又腹部较紧凑的奶牛。

（2）治疗

方法主要有滚转复位法和手术疗法两种。滚转复位法仅限于病程短、病情轻的病例，且成功率不高；手术疗法适用于病后的任何时期，疗效显著，是根治疗法。

①手术疗法：在左腹部腰椎横突下方 25 ～ 35 cm，距第 13 肋骨 6 ～ 8 cm 处，作长 15 ～ 20 cm 垂直切口；打开腹腔，暴露皱胃，导出皱胃内的气体和

液体；牵拉皱胃寻找大网膜，将大网膜引至切口处。然后，通过以下两种方法将皱胃推移复位并固定于其正常位置：

整复固定方法一：用 10 号双股缝合线，在皱胃大弯的大网膜附着部作 2 ～ 3 个纽扣缝合，术者掌心握缝线一端，紧贴左腹壁内侧伸向右腹底部皱胃正常位置处，同时指示助手根据相应的体表位置，做好局部常规处理后，在皮肤上切一小口，然后用止血钳刺入腹腔，钳夹术者掌心的缝线，将其引出腹壁外。同法引出另外的纽扣缝合线。然后，术者用拳头抵住皱胃，沿左腹壁推送到瘤胃下方右侧腹底，进行整复。皱胃被复位后，由助手拉紧纽扣缝合线，取灭菌小纱布卷，放于皮肤小切口内，将缝线打结于纱布卷上，或用小弯针将其中一根线在皮下结缔组织及肌肉上缝合一针，将两根缝线打结，再缝合皮肤小切口。

整复固定方法二：用长约 2 m 的肠线，在皱臂大弯的大网膜附着部作一褥式缝合并打结，剪去余端，带有缝针的另一端留在切口外备用，将皱胃沿左腹壁推进到瘤胃下方右侧腹底。皱胃被复位后，术者掌心捏着备用的带肠线的缝针，紧贴左腹壁内侧伸向右腹底部，并按助手在腹壁外指示正常的皱胃体表位置处，将缝针由内向外穿透腹壁，由助手将缝针拔出，慢慢拉紧缝线。将缝针从原针孔刺入皮下，距针孔处 1.5 ～ 2.0 cm 处穿出皮肤，引出缝线，将其与入针处的线端在皮肤外加圃枕打结固定。常规闭合腹壁切口，装结系绷带。

②滚转复位法：先将病牛饥饿 1 ～ 2 天并限制饮水，使瘤胃容积缩小。使牛右侧横卧 1 分钟，将四蹄缚住，然后转成仰卧 1 分钟，随后以背部为轴心，先向左滚转 45°，回到正中，再向右滚转 45°，再回到正中（左右摆幅 90°）。如此来回向左右两侧摆动若干次，每次回到正中位置时静止 2 ～ 3 分钟。也可以左右来回摆动 3 ～ 5 分钟后，突然停止，保持在右侧横卧状态下。用叩诊和听诊相结合的方法判断皱胃是否已经复位。若已经复位，则停止滚转，若仍未复位，应再继续滚转，直至复位为止。

然后让病牛缓慢转成正常卧地姿势，静卧 20 分钟后，再使其站立。

在治疗过程中，最好配合口服缓泻剂与制酵剂，应用促反刍药物和拟胆碱药物静脉注射钙剂和口服氯化钾，以促进胃肠蠕动加速胃肠排空，消除皱胃弛缓。若存在并发症，如酮病、乳腺炎，子宫炎等，应同时进行治疗。

滚转法治疗后，使牛尽可能采食优质干草，以促进胃肠蠕动，增加瘤胃容积，从而防止左方变位的复发。

2. 皱胃右方变位

（1）预防

皱胃右方变位的预防与皱胃左方变位的预防措施相似。

（2）治疗

皱胃右方变位一般采用手术疗法，而滚转复位法无效。在右腹部第 3 腰椎横突下方 10 ～ 15 cm 处，作垂直切口，导出皱胃内的气体和液体。纠正皱胃位置，并使十二指肠和幽门通畅，然后将皱胃在正常位置加以缝合固定，防止复发。治疗中应根据病牛脱水程度，进行补液和强心。同时治疗低钙血症、酮病等并发症。

## 四、瘤胃积食

瘤胃积食又称急性瘤胃扩张，是由于胃内积滞过多的粗纤维饲料或容易膨胀的饲料，引起瘤胃容积增大、胃壁扩张、胃运动机能障碍，形成脱水和毒血症的一种严重疾病。临床上以瘤胃体积增大且触诊较坚硬，呻吟、拒食为特征。

### （一）病因

1. 原发性瘤胃积食

（1）饲养管理不当，牛过度饥饿，一次采食过多粗纤维饲料，同时饮水不足。

（2）过食精料，如小麦、玉米、黄豆、麸皮、棉籽饼、酒糟、豆渣等。

（3）长期饲喂过量劣质粗硬饲料，在瘤胃内浸泡磨碎缓慢，瘤胃运动机能紊乱，内容物积聚而发病。

（4）因误食大量塑料薄膜而造成积食，或饱食后立即使役及使役后立即饲喂等，易引起本病的发生。

（5）各种应激因素的影响，如过度紧张、运动不足、过于肥胖或妊娠后期等引起本病的发生。

2. 继发性瘤胃积食

主要继发于前胃弛缓、创伤性网胃腹膜炎、瓣胃阻塞、皱胃阻塞，胎衣不下、药呛肺等疾病过程中。

### （二）发病机制

过量饲料积聚于瘤胃，压迫瘤胃黏膜感受器，出于反射性地使植物性神经机能发生紊乱，造成瘤胃蠕动减弱或消失，胃壁扩张，内容物发酵、腐败，产生大量气体和有毒物质，从而刺激瘤胃壁神经感受器，引起腹痛不安。随着病情发展，瘤胃内微生物区系失调，纤毛虫活性降低，腐败产物增多，一方面引起瘤胃炎，另一方面有毒物质被吸收，引起自体中毒。

（三）症状

患牛常在饱食后数小时或 1 ～ 2 天内发病。食欲废绝，鼻镜干燥，反刍迟缓或停止。先是不断嗳气，而后停止，通常有轻微腹痛，背腰拱起，顾腹踢腹，摇尾呻吟。左下腹部轻度膨大，眼结膜充血、发绀。触诊瘤胃敏感，内容物坚硬，留有压痕；叩诊呈浊音，呼吸迫促，排粪迟滞，干燥色暗，有时排少量恶臭的粪便，偶尔可见继发肠臌胀。严重的病牛脱水明显，红细胞压积增高，步样不稳，四肢颤抖，心律不齐，全身衰竭，卧地不起，陷于昏迷状态。内容物检查发现，pH 一般由中性逐渐趋向弱酸性。后期纤毛虫数量显著减少。瘤胃内容物呈粥状、气味恶臭时，表明已继发中毒性瘤胃炎。

（四）诊断

从临床症状的典型变化，结合问诊调查，经分析基本可确诊。

（1）过食饲料，特别是不易消化的粗纤维饲料、易造成膨胀的食物或精料。

（2）食欲废绝，反刍停止，瘤胃蠕动音减弱或消失，触诊时瘤胃内容物坚实或有波动感。

（3）体温正常，呼吸、心跳加快，有酸中毒导致的蹄叶炎、病畜卧地不起的现象。

（五）防治

1. 预防

加强饲养管理，防止饥饿过食，避免骤然更换饲料，粗饲料应加工软化后再喂，注意饮水和适当运动。不要劳役过度，避免外界各种不良因素的影响和刺激。

2. 治疗

原则为加强护理，增强瘤胃蠕动机能，排出瘤胃内容物，防止发酵，对抗组织胺和酸中毒，对症治疗。

（1）采食大量易膨胀饲料的病例，需要适当限制饮水。其他病例均需给予充足的清洁饮水。

（2）增强瘤胃蠕动机能，促进反刍，加速瘤胃内容物排出。

①洗胃疗法：用清水反复洗胃，如瘤胃内容物腐败发酵，可先插入胃管，用 0.1% 高锰酸钾或 1% 碳酸氢钠进行洗胃。

②瘤胃按摩：为排出瘤胃内容物，可用拳、手掌、木棒与木板（二人抬），布带（二人拉）按摩瘤胃，每次 20 ～ 30 分钟，每日 3 ～ 4 次，对非过食精

料的病例可结合灌服酵母粉 250 ～ 500 g，滑石粉 200 g（加适量温水），并进行适当牵遛运动（过食精料的病例禁用此方法）。

③缓泻制酵法：即硫酸镁 500 g，鱼石脂 20 g，常温水 4 000 ～ 5 000mL，一次内服。

④手术治疗：上述措施无效时，可实行瘤胃切开术，取出瘤胃积滞的内容物，填满优质的草，用 1% 温食盐水冲洗，并接种健康牛瘤胃液。

（3）对症治疗，对病程长且伴有脱水和酸中毒的病例，需强心补液，补碳酸氢钠以解除酸中毒。如高度脱水时，静脉注射 5% 葡萄糖生理盐水 4 000 mL，5% 碳酸氢钠 1 000 mL。

## 五、瓣胃阻塞

瓣胃阻塞，中兽医学中又称为百叶干，是由于前胃功能障碍，瓣胃收缩力降低，其内容物滞留，水分被吸收而干涸，以至形成阻塞的一种疾病。

### （一）病因

1. 原发性瓣胃阻塞

主要是疲劳过度，饮水不足；长期大量饲喂难以消化、富含粗纤维、混杂沙土和加工过于细碎的饲料；放牧转为舍饲或突然变换饲料，饲料中缺乏蛋白质、维生素以及微量元素。

2. 继发性瓣胃阻塞

常继发于前胃弛缓、皱胃疾病、某些寄生虫病和急性热性病。

### （二）症状

患牛精神沉郁，鼻镜干燥、龟裂，食欲、饮欲、反刍减少，最后废绝，前胃蠕动音减弱或消失，触诊和叩诊瓣胃区疼痛，嗳气减少，并出现慢性臌气。排粪减少，粪干、硬、色暗，呈算盘珠或栗子状，表面附有黏液，后期排粪停止。当瓣胃小叶发生坏死或发生败血症时，患牛体温升高，脉搏、呼吸加快，全身症状加重。病至后期出现脱水和自体中毒现象，结膜发绀，眼球凹陷，皮肤弹力降低，常卧地，头颈伸直或弯向肩胛部，昏睡。

### （三）诊断

1. 症状

诊断鼻镜干燥、龟裂，瓣胃蠕动音微弱或消失；粪便干硬、呈算盘珠状，落地有弹性，色暗，后期不排粪；瓣胃区触诊硬且敏感。

2. 瓣胃

穿刺诊断用长 15 ～ 18 cm 穿刺针头，于右侧第 9 肋间与肩关节水平线相交点进行穿刺。如为本病，进针时可感到阻力较大，内容物坚硬，并伴有沙沙音。

（四）防治

1. 预防

加强饲养管理，适当减少坚硬的粗纤维饲料，增加青绿饲料和多汁饲料；避免长期饲喂混有泥沙的糠麸、糟粕饲料；保证足够饮水，给予适当运动；对前胃弛缓等病应及早治疗，以防止发生本病。

2. 治疗

本病的治疗非常困难，对有价值的病畜应及早采用手术治疗。但是，瓣胃不宜直接手术，可经瘤胃或皱胃切开术完成。

此外，可参考前胃弛缓治疗。原则为软化瓣胃内容物，以增强瓣胃收缩力和恢复前胃运动机能为主。轻症和初期可给予泻剂，如硫酸镁 300 ～ 500 g，加水配成 10% 溶液；或给予液体石蜡 1 000 ～ 2 000 mL，一次灌服，同时静脉注射 10% 氯化钠液 500 mL，有脱水时应予以补液。病情较重者，可采用瓣胃内直接注入药液的方法，效果较好。注射部位为右侧 9 ～ 11 肋间与肩端水平线交点，可选择 9 ～ 10 肋间和 10 ～ 11 肋间两处。局部剪毛、消毒，以 16 ～ 18 号针头与皮肤成直角位置刺入，深度可达 10 cm 以上。先向瓣胃内注射少量生理盐水，并立即回抽，如有含草渣的黄色液体，证明针头已进入瓣胃内，然后将 10% ～ 20% 硫酸镁液 1 000 ～ 2 000 mL 分点注入。

# 第九章 常见蜜蜂病害的防治

## 第一节 蜂病的预防

### 一、蜂病预防的重要性

必须特别强调的是，蜂病防治建立正确的观念是非常重要的。第一，蜂病的防治包括了“防”和“治”两个过程和措施，而且，其中更加重要的在于“防”，要“预防为主，综合防治”。多数常发病害的病原是细菌、病毒，通过蜂体或巢脾传染。这种病无法彻底消灭，会经常复发，需要提高警惕，及时预防。预防蜜蜂发病的作用和效果，远比等蜜蜂发病后病急乱投医地“治”要重要得多，效果好得多。而现实中的情况却是，很多养蜂人平时对蜂病疏于防患，对一些蜂病的发病预兆视而不见，甚至常常采取一些促使蜂病感染和传播的管理措施。等蜂病暴发时，再想采取措施，往往已经为时过晚。第二，要综合利用各种防治措施，不能一味地见病就喂药，若喂药不见效，就以为是药不好或者是没有找对药，而对其他防治措施置之不理，这样做的后果是，很多病原微生物对药物逐渐失去了敏感性，等到真正需要喂药时，药已经没有效果了。第三，蜜蜂与其他生物一样，有好的营养、好的环境就不容易生病。在蜜源丰富的环境下，蜜蜂基本不会患病，而且缺蜜时最顽固最难治的一些病害也会不治而愈。所以最好的预防措施就是蜜蜂始终能有丰富而充足的食物。要寻找蜜粉源丰富的地方放蜂，要科学合理地取蜜，在蜂群缺蜜缺粉时一定要及时补喂，很多时候蜜蜂生病都与蜂群中食物短缺有关。

### 二、蜂病预防要素

蜂病的预防是日常性事务，要注意做好以下工作，这对防止蜂病的发生有着重要的意义。

1. 搞好人蜂关系

蜜蜂也是有“脾气”的，而且蜜蜂的“脾气”和主人的性格息息相关。有的养蜂人很粗心，开蜂箱动作过大，时不时将蜜蜂压死碰死。在这样环境中成长的蜜蜂具有很强的攻击性，会经常回报主人一个“甜蜜的亲吻”。主人此时如果又作出粗暴的剧烈反应，则蜜蜂也会有进一步的回应。这样的人所饲养的蜜蜂，对病敌害的抵抗力也会受到影响。如果人能精心对待蜜蜂的话，它们也会与人类友善和谐相处。

2. 关心蜂群生活

平时应多关心蜜蜂，为它们做一些它们做不了但对其又非常重要的工作：蜂箱上面常年盖杉树皮等覆盖物进行防晒，尽量避免外界气温对蜂巢的影响；夏季更要做好防晒工作，将蜂箱放在有树荫的地方搭棚遮阴；低温季节适当加强箱内保温；每天打扫蜂场卫生，拔除杂草，及时调节巢门，防止老鼠、蟑螂、蜜蛾乘隙而入；中蜂抗巢虫能力较弱，箱底和四周缝隙要用石灰加桐油补牢，防止巢虫滋生；越夏期胡蜂为害猖獗，要争取对其毁巢消灭，对进入蜂场的个体要随时人工扑灭，等等。

3. 了解蜂群

对全场各个蜂群的基本情况要做到心中有数，要时常做记录，做到有案可查，为管理提供合理依据。

4. 选择培育优良品种

优良抗病品种并不一定是靠从外地购买良种就能得到的，平时要留意哪群蜂有较好的抗病性，并在育王时有意选择采集力、抗病虫害能力较强的蜂种进行育种。常年坚持选育抗病良种，往往是最有效也是最经济的病害防治措施。

5. 常年坚持饲养强群

强群的防病防敌害能力比弱群要强。以为害中蜂严重的巢虫为例，弱群往往深受其害，而达到满箱的强群几乎不生巢虫。弱群可合并成强群，宁愿少而精，勿要多而滥。

6. 调整好蜂脾的比例关系

从晚秋到早春，紧缩蜂巢，使蜂多于脾，加强蜂群的保温护子能力；越夏期间，抽出多余巢脾使蜂略多于脾，这样蜂群能更好地护脾，防止巢虫侵害；在流蜜期，应适时扩大蜂巢，使蜂脾相称，等等。

7. 减少人为干扰

平时无事少开箱，越夏和越冬期则尽量不开箱，只作箱外观察和贴听箱内动静，以此来判断蜂群是否正常。

8. 遵守卫生操作规程

对蜂场和蜂具要经常消毒。如对蜂场地面可在季节交替之时撒生石灰粉消毒；对蜂箱、隔板、闸板等坚固而又耐高温的蜂具可通过太阳暴晒来消毒；对巢脾、饲喂器等不能高温消毒的蜂具可以用消毒水、高浓度盐水等消毒；消毒须认真、严格，要严格遵守卫生操作规程，在没有确定全场无病之前，不在蜂群间随意调换巢脾；新引进的蜂王或蜂群必须确保无病；尽量远离有病蜂场；不喂来历不明的饲料等。要有隔离意识，若碰到严重的传染性疾病流行，连养蜂人员之间的来往都要避免。

9. 注意合理用药

要在正确诊断的基础上对症下药。不随意加大药物剂量，不乱喂抗生素类药物。

10. 合理取蜜

取蜜时要保证蜂王和蜂群的安全，有蜂王的脾和幼虫脾不取，以防损伤蜂王或冻伤子脾；尽量不影响蜂群采集工作，取蜜的时间可尽量安排在一早一晚，慎防盗蜂发生；蜜少或流蜜期后期不取蜜，以免杀鸡取卵；饲料不足的要在蜜源结束前补足，花粉不足时注意给蜂群补充蛋白质饲料。

## 第二节 蜜蜂病害概述

### 一、引发蜜蜂病害的因素

与其他生物一样，蜜蜂也会生病。引起蜜蜂生病的原因均来源于蜂群周边的环境因素，或者说蜜蜂病害就是蜜蜂对各种不良环境因素的不良反应。这些环境因素可以是生物性的，如蜘蛛、蟾蜍、蚂蚁，也可以是非生物性的，如温度、湿度、光照、风等，都可能影响到蜜蜂各个体及其群体（蜂群）的生存状态。这些环境因素对蜂群的作用有如下特点。①蜂群周边环境的各种生物和非生物因子是综合作用于蜂群的，蜜蜂生病不是哪个因子单独作用的结果；②每个因子对蜂群的影响力是不尽相同的，有的影响大而有的影响小，有的起主要作用而有的起次要作用。尽管如此，每种因子的作用都不是可有可无的，是其他因子不能替代的。如果当其中的某一种或某些因子的影响减弱时，往往其他因子的影响会相应增强；各种因子对蜂群的影响是有限的，并带有明显的阶段性。

蜜蜂在千万年的进化过程中与这些时时变化的错综复杂的诸多因子相互作用，形成了自己特有的适应特性。一旦环境因子的变化超出了蜜蜂的承受

范围，蜂群的正常生命活动就会受到干扰及破坏，其生理功能、组织结构、新陈代谢等将发生一系列病理变化，蜜蜂就会在功能上、结构上、生理上或行为上表现出异常，并最终死亡。

## 二、蜜蜂病害的一般性分类

### （一）非生物性因子

在这些导致蜜蜂生病的环境因子中，非生物性因子引起的病害属于非传染性的，如夏季高温引起的卷翅病，可能会使蜂群中一定比例的幼蜂翅膀卷曲而丧失飞行能力，但卷翅病不会由一些个体传播给另外一些个体；某群蜂被大风吹翻不会使其他蜂群也跟着翻覆等。

### （二）生物性因子

生物性因子，即引起蜜蜂生病的原因是某种或某些生物。生物性因子造成的病害往往是具有明显传染性的，诸如中蜂囊状幼虫病、副伤寒病、白垩病、蜂螨病等病害就可以从一群蜂传染给另外的蜂群，从一个蜂场传染给另外的蜂场。我们探讨蜜蜂病害，重点应该放在对致病生物因子的研究上（同时也不能忽视非生物性因子的影响）。

引起蜜蜂传染性病害的病原包括细菌、病毒、真菌、螺旋体、寄生螨、原生动物、寄生性昆虫和线虫等。其中由个体较大能被我们肉眼看到或经过低倍放大看到的那些病原如寄生螨、寄生性昆虫、线虫、原生动物等引起的传染性病害被习惯性地称为侵袭性病害；而那些由很小的病原如病毒、细菌等所引起的传染性病害则被称为侵染性病害。

## 三、传染性病害的传播途径

### （一）直接接触传播

那么，蜜蜂的传染性病害是如何从患病群蔓延到其他健康群的呢？其中一种方式就是直接接触传染。对经口传播的病害种类来说，因蜂群中个体与个体间的分食、口对口饲喂现象非常频繁，在分食、饲喂过程中，通过口器的直接接触，患病蜜蜂就会将病原微生物传递给健康蜜蜂，一传十，十传百，病害很快传播至整个蜂群；而对非经口的病害种类来说，蜂巢中有限的空间和众多的成员，使个体间的身体接触不可避免，同时蜜蜂也喜欢并习惯于这种经常性接触同伴的感觉。借助这种高频度、高密度的身体接触，病原物就会由病蜂传染给健康蜜蜂。病害在群内的传播感染，主要就是通过上述接触传播途径完成的。

（二）非接触性间接传播

另一种传播方式是非接触性的间接传播。即病原物需要借助于传播媒介的帮助才能完成传播。例如，空气中飘浮的病原微生物、被病群工蜂分泌物或排泄物所污染的花朵、水源、土壤等，可能会被健康群接触到而感染疾病。但更常见是病群所使用过的饲料、巢脾、蜂箱、蜂机具等，在未经过严格消毒处理的情况下，在日常管理时被养蜂人无意中又使用在健康群上，从而造成传染。事实上，大部分蜜蜂传染病都是通过这种间接方式传播的。疫区病害传播到新区也是通过这种间接传播方式。另外，蜂群与蜂群间的病害传播，也是通过间接接触传播途径完成的。

间接传播一定需要传播媒介的帮助，否则就不能实现病害的传播。因而对传播媒介的防治就能起到防治病害的作用，而不必去防治病害本身。或者说，对媒介物的防治与对病害的防治一样重要。因此，养蜂员应严格遵守蜂场规范卫生操作规程，不要无意中成为病害传播的携带者。

## 四、蜜蜂病害的发病过程

蜜蜂的发病是一个比较复杂的过程。首先是病原与寄主（蜜蜂）要有一个接触的机会，并从寄主某个特定的部位，如从口表皮、气门或节间膜等较薄弱处，侵入寄主体内，并定殖下来。其中，病毒和细菌通常多是从口中侵入的。在蜜蜂的卵、幼虫、蛹、成虫四个发育阶段中，以幼虫和成虫发病较为常见。真菌则往往经寄主的表皮侵入为主，寄生性螨类多是通过节间膜和气门取食蜜蜂体液的。各种病原物往往具有固定的侵入部位且相互间又彼此有别。病原物侵入成功后一般要经过一定时间的增殖，积累到足够的数量，才能对寄主产生伤害性影响，如特定组织和器官的破损、坏死、病变、功能失调、代谢紊乱等。这个增殖过程能否实现，一要看寄主的免疫系统是否能识别并杀灭病原，二要看当时的各种环境条件是否有利于寄主而不利于病原，只有当两者的答案都是否定时，该过程才能完成。

## 五、蜜蜂病症的常见症状

一旦前述两个过程顺利完成，蜜蜂即表现出发病的症状。

常见的症状有以下几种：

1. 变色

患病蜜蜂的体色有别于正常个体，如蜜蜂幼虫病的感病幼虫往往由珍珠

白色变为白黄色、浅黄色、黄色、黄褐色甚至深褐色；又如患病成年蜂腹部常变黑变暗等。

2. 腐烂

蜜蜂组织病变坏死，细胞分解、腐烂而变味发臭。

3. 畸形

患病蜜蜂经常出现如腹部膨胀、卷翅、缺翅等畸形现象。

4. 花子

这是蜜蜂幼虫病发生早期特有的现象，患病幼虫被内勤蜂清除后，继而蜂王会在腾出的空房内产卵，造成本应日龄一致的同一子脾上，封盖子、日龄不一的幼虫房、卵房、空巢房相间排列的状态，养蜂术语上称为“花子”。

5. 穿孔

本已封盖的巢房内，患病的幼虫、蛹发病死亡，内勤蜂会咬开封盖准备清除其中的死虫。开箱检查时就常能见到房盖上出现被咬出的小孔。

6. 爬蜂

这是成年蜂病害常见的现象，无论是什么原因所引起的病害，患病蜜蜂都因病原微生物的寄生而导致机体虚弱或神经损伤，进而无力飞行或行为反常地在蜂箱底部或蜂箱外漫无目的地胡乱爬行。养蜂术语称之为“爬蜂”。

7. 行为或生理异常

蜜蜂的翅膀、足等不自觉地颤动，没有缘由突然胡乱攻击、蜇刺人畜等表现，可能就属于发病的异常表征。

## 六、蜜蜂病害症状的特点

蜜蜂病害的发生与其他动物的病害有着一些明显的不同或特点。当我们检查蜂群时能清晰而容易地见到发病蜜蜂的症状，但此时蜜蜂的病情实际上已到了相当严重的程度。这是因为在长期的进化过程中，蜜蜂形成了一种特有的清巢习性，凡是发现病患者，内勤蜂就会将其拖弃出蜂巢，使患病者不再成为新的传染源。这种清巢习性对蜜蜂的抗病力是非常有帮助的，一般的病情在我们不知不觉中，已经被蜜蜂清理干净了，只有到了病患死亡的速率超过蜜蜂的清巢速率时，我们才能在蜂巢中看到具有典型症状的患病蜜蜂，可想而知此时蜂群的病情已是多么的严重了。

蜜蜂病害发病的特点：一方面是蜜蜂作为过群体社会性生活的动物，群体中的个体数量既庞大而又高度密集，且个体间的接触非常频繁，加之蜜蜂具备较强的飞行能力和活动空间的一致性（每群蜂都可能到有花开的同一个地方采集），这种特性一方面对流行病的传播是个很有利的前提条件，使病害

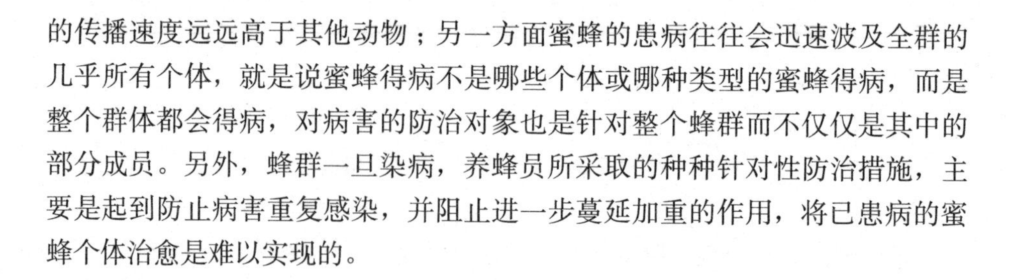

的传播速度远远高于其他动物；另一方面蜜蜂的患病往往会迅速波及全群的几乎所有个体，就是说蜜蜂得病不是哪些个体或哪种类型的蜜蜂得病，而是整个群体都会得病，对病害的防治对象也是针对整个蜂群而不仅仅是其中的部分成员。另外，蜂群一旦染病，养蜂员所采取的种种针对性防治措施，主要是起到防止病害重复感染，并阻止进一步蔓延加重的作用，将已患病的蜜蜂个体治愈是难以实现的。

## 第三节 蜜蜂常见病害的防治

### 一、欧洲幼虫腐臭病

欧洲幼虫腐臭病是一种蜜蜂幼虫细菌性病害。该病于1885年首次被系统报道，目前广泛蔓延至世界几乎所有的养蜂国家。我国于20世纪50年代初在广东省首先发现，20世纪60年代初南方诸省相继出现病害，随后则蔓延全国。该病害不仅感染西方蜜蜂，东方蜜蜂特别是中蜂的发病现象比西方蜜蜂严重得多，并常与中囊病混合发生，使病群治愈变得非常困难。

（一）病原

包括多种细菌，主要是蜂房链球菌，还有许多次生菌，其中有尤瑞狄斯杆菌、粪链球菌、蜂房芽孢杆菌等。这些次生菌能加速幼虫的死亡，并使病虫产生一种难闻的酸臭味。显然，蜜蜂发病是这些细菌综合作用的结果。病菌的来源比较复杂，而在死虫的干尸中，只有蜂房链球菌及蜂房芽孢杆菌能长期存活。

（二）发病机制及其症状

欧洲幼虫腐臭病一般只感染日龄小于2日的幼虫。这些小幼虫吞食被蜜蜂链球菌污染的食物后，菌在中肠迅速繁殖，破坏中肠周围食膜，然后侵染上皮组织，有时病菌几乎完全充满中肠。经2～3日潜伏期，通常病虫在4～5日龄封盖以前大量死亡。

患病后虫体变色变形，失去肥胖状态，从珍珠般白色变为淡黄色、黄色、浅褐色，直至黑褐色。刚变褐色时，由于死亡幼虫呈现溶解性腐败，透过表皮清晰可见幼虫的气管系统。弯曲幼虫的背线呈放射状，已伸直幼虫的背线为窄条状。随着变色，幼虫塌陷似乎被扭曲，最后在巢房底部腐烂。死亡幼虫具酸臭味，没有黏性，故不能拉成丝状。干枯后堆缩于巢房底部呈鳞片状，

易被工蜂清除。若病害发生严重，巢脾上“花子”明显，幼虫大量死亡，蜂群中便长期只见卵、虫而不见封盖子。

### （三）传播途径

子脾上的病虫及幸存的病虫是主要的传染源。内勤蜂的清洁、哺育幼虫活动，将病原菌传播至全群。群间传播主要是由于盗蜂、迷巢蜂或养蜂员调整群势等引起。被污染的饲料，特别是花粉，也是该病的主要传染来源之一。

### （四）环境与发病的关系

欧洲幼虫腐臭病的发生有明显的季节性。低温季节或温度变化大的季节，往往是该病的高发期。在我国南方，一年中有两个发病高峰，一是3月上旬至4月中旬，二是8月下旬至10月上旬，这两个发病高峰期，都基本与蜂群繁殖高峰期相重叠，即与春繁、秋繁相重叠。这是因为繁殖期蜂群内幼虫多，哺育负担重，如果外界气温较低而蜂群保温又不好时，病害便易发生，尤其弱小蜂群更易发病。此外，在外界缺乏蜜源、幼虫营养不良的条件下蜂群容易发病。

### （五）预防措施

（1）为预防该病的发生，应尽量减少外界对蜂巢的影响，使蜂巢有一个较恒定的温湿度，并做到平时蜂脾相称或蜂略多于脾。

（2）选育对病害敏感性低的品系作种群。

（3）换王。打破群内育虫周期，给内勤蜂足够时间清除病虫和打扫巢房。

（4）严格对蜂场消毒，病群内的重病脾取出销毁或严格消毒后再使用。

### （六）药物治疗

（1）抗生素糖浆

许多抗生素类药物如青霉素、链霉素、土霉素、四环素、红霉素等均对该病有效，可轮换使用。配制方法为：药物20万单位与白糖∶水为1∶1的糖浆500 g混匀，根据群势大小，每群每次喂或喷给药剂糖浆250～500 g，每天一次，连续4～5次为疗程，间隔3～5天进行下一疗程，不见症状时停止。

（2）抗生素炼糖

配制方法为：224 g热蜜加544 g糖粉，稍凉后加入7.8 g抗生素药物，搓揉至变硬，分成小块喂给50群左右病群，重病群可连续喂3～5次，轻病群5～7天喂1次。

(3) 抗生素花粉饼

按每群蜂每次 8 万～10 万单位的计量，将土霉素、四环素等抗生素类药物拌入准备饲喂给蜂群的花粉中，花粉的量以 2～4 天内能被蜜蜂采食完为准，再加入蜂蜜，揉至不粘手的面团状，最后将含药花粉放在巢框上梁之上，让蜜蜂搬运取食。待蜜蜂取食完毕后再次配制饲喂，连喂 3 次。

## 二、美洲幼虫腐臭病

与欧洲幼虫腐臭病一样，美洲幼虫腐臭病也是一种蜜蜂幼虫细菌性病害。该病于 1907 年被鉴定。我国于 1929—1930 年间从日本引进西方蜜蜂蜂种时将该病带入，给当时的中国养蜂业带来巨大损失。

目前该病广泛流行于温带与亚热带地区的几乎所有国家，各国养蜂业受其危害严重。该病在我国被列为检疫性蜜蜂病害。

### （一）病原

美洲幼虫腐臭病的病原为幼虫芽孢杆菌。该细菌属革兰阳性细菌，在一定条件下能产生芽孢，芽孢由 7 层结构包围，比一般细菌的芽孢外面 4～5 层结构要多，这种特殊的构造使得该芽孢具有特别强的生命力，对热、化学消毒剂等都具有极强的抵抗力，在热、干燥等恶劣环境下能存活数十年。

### （二）发病机制及其症状

幼虫芽孢杆菌的芽孢被蜜蜂幼虫取食后，在幼虫的中肠萌发，然后穿过中肠组织，开始快速繁殖，最后杀死蜜蜂幼虫。幼虫在 1～2 日龄时极容易被病菌感染，但潜伏期较长，一般要到幼虫老熟封盖后才表现出明显的症状并大量死亡。发病的典型症状包括变色、变形、变味等。开箱查看，能看到病群的封盖子表面常呈现湿润油光状，封盖常下陷并有针头大小的穿孔；病虫的体色从正常的珍珠白变黄色、淡褐色、褐色甚至黑褐色，同时虫体不断失水干瘪，并散发出明显的胶臭气味。若用镊子、细棍挑取病虫体，可拉成 2～3 cm 的细丝。最后虫体完全失水干枯后，成紧贴于巢房壁、呈黑褐色、难以清除的鳞片状物。

### （三）传播途径

该病一般是经口侵入幼虫的消化道，故而带菌的食物或巢脾是病害传播的主要来源。其在蜂群内的传播一般是由哺育蜂将被污染的饲料饲喂给幼虫而引起；而在蜂群间的传播则主要是通过人为的不规范操作将病群的巢脾、饲料调入健康群，也可通过蜜蜂的错投或盗蜂传播。

（四）环境与发病的关系

由于芽孢只要在适宜的环境下就能萌发，所以美洲幼虫腐臭病的发生没有一定的季节性，在一年中的任何一个有幼虫的季节都有可能发生，但一般在夏、秋季节发生的相对较多。意蜂对该病比较敏感，而中蜂则通常表现出较高的抗性。此外，蜜源的质量对疾病发生有较大的影响。病群在大流蜜期到来时，病情会减轻，有些甚至能不治而愈。蜂蜜中还原糖比例高对该病有一定的抑制作用。

（五）预防措施

（1）保持蜂场日常卫生清洁。

（2）对蜂具、蜂箱的定期消毒、清理。

（3）杜绝病原，远离病场、病群。

（4）保持蜂群内饲料充足，防止发生盗蜂，及时扑杀进入蜂场的胡蜂。

（六）药物治疗

可选用抗生素类药物制成糖浆、炼糖或粉饼饲喂。这些药物包括硫胺噻唑、土霉素、盐酸林可霉素、泰乐菌素等。也可选用治疗欧洲幼虫腐臭病的药物进行治疗。

## 三、中蜂囊状幼虫病

中蜂囊状幼虫病又名囊雏病，是一种侵染蜜蜂幼虫的病毒性病害，传播迅速且死亡率高，暴发时可造成 30% ～ 100% 的蜂群损失。

（一）病原

中蜂囊状幼虫病是由中蜂囊状幼虫病病毒引起的，这种病毒有很强的传染性。一个患囊状幼虫病死亡的幼虫尸体内所含的病毒可使 3 000 个以上的健康幼虫感病。

（二）发病机制及其症状

幼虫通常在 1 ～ 2 日龄时被囊状幼虫病病毒感染，病毒在幼虫体内迅速大量增殖，主要聚集在蜜蜂咽侧体、舌下腺及脑等组织中。脑和咽侧体受到危害，致使内分泌紊乱，同时调节并产生毒素，进而抑制幼虫的蜕皮过程。潜伏期 5 ～ 6 天，少部分感病幼虫若被保姆工蜂发现即被清理出巢，但大部分无异常表现。至 5 ～ 6 日龄时幼虫大量死亡，30% 死于封盖前，70% 死于封盖后，其死亡速度往往大于工蜂清除死幼虫的速度。

发病初期常出现“花子”现象，乃是病死幼虫巢房又被蜂王补产新卵所致。到病虫死亡速度大于工蜂清理死虫速度之时，即可见到典型的囊状幼虫病症状，原已封好的封盖又被工蜂咬开，房内病虫虫体伸直，头部朝向巢房口呈尖头状，虫体体表完整，表皮内充满乳状液体。若用镊子将病虫夹起，整个虫体像一个充满液体的小囊，故取名为“囊状幼虫病”。随后，病虫体色由珍珠白变黄，继而变褐、黑褐色，其中头胸变色较深，死虫不腐烂，无臭味。最后，虫尸表皮因干枯而变硬，继而脱离巢房内壁，呈现“龙船状”。到完全干枯后，虫尸变成很脆的“鳞片”，可研为粉末。

（三）传播途径

最早的病虫往往是由于蜂群间蜜蜂的错投、迷巢、盗蜂所产生，或是蜂场人员不经意调换蜂群间的巢脾而由病群带入健康群。发病的病虫是主要传染源，此外，被囊状幼虫病毒污染的饲料也是重要的传染源。带毒的工蜂是群内病害传播的主要媒介，因为囊状幼虫病毒能在成年工蜂体内增殖而不表现出明显的症状，因此一旦工蜂在搬运病死幼虫的过程中吞下了破损病虫体的内容物，病毒即可进入其王浆腺中增殖。这些工蜂哺育幼虫时，便会将囊状幼虫病病毒传播给健康幼虫。

（四）环境与发生的关系

该病的发生与季节、气候、蜜源、蜂种和蜂群的群势关系密切。从季节因素来看，病害易发期一般从10月至翌年的3月，以11—12月及翌年2—3月为高峰期。到4—9月时，病情往往会减轻甚至不治而愈。

从气候因素来看，当气温较低而不稳定，昼夜温差较大，湿度大时容易发病，反之则不容易发病。这就是1—3月易发病而4—9月不易发病的原因。

从蜜源因素来看，蜜源好或贮蜜足不易发病，反之则容易发病。这是因为如果幼虫的营养不足，其对疾病的抵抗力就会下降。有的蜂场在流蜜期中发病程度反而更重，主要原因是取蜜太频繁，群内蜜粉不足而幼虫缺食所致。

从蜜蜂种类因素来看，不同蜂种对该病的抵抗力不一样，西方蜜蜂抗性较强，中蜂则容易感染发病。

从蜂群群势因素来看，强群抵抗力强而弱群易发病。因为蜂群强大时保温能力强，且强群饲料一般较充足，幼虫饲喂好，发育健壮，少量病虫很快被清除，故不易发病。而弱群保温较差，哺育任务重，幼虫营养不良，容易发病。

据观察，中蜂囊状幼虫病的发生呈较明显的周期性，每3～5年暴发一次。

### （五）预防措施

1. 选育抗病品种

这是预防中蜂囊状幼虫病最有效的措施。从蜂场中选择抗病力较强的蜂群作为母群，移虫育王用以更换病群的蜂王；与此同时选择抗病力强的蜂群作父群培育雄蜂，并采取措施将病群雄蜂杀死。连续进行几代选育可使全场蜂群对囊状幼虫病的抵抗力大大增强。

2. 加强保温及饲喂

早春和晚秋，外界气温较低，要保持蜂脾相称，并根据外界温度高低，调整蜂路。应注意蜂群保温，减少开箱检查次数，过弱的蜂群可进行合并。

当蜂群内饲料不足时，要及时补助饲喂，以保证蜂群正常生活需要。在蜂群大量繁殖期间，应补喂花粉，以增强蜜蜂的抵抗力。无天然花粉时可使用花粉代用品，即人工补充饲喂蛋白质和多种维生素饲料。

3. 加强消毒

换箱时，蜂箱、巢框用 1% ～ 2% 氢氧化钠溶液洗刷消毒，或用沸水浇淋消毒。已发病的蜂群，将巢脾提出，除去病死虫后化蜡。如还要再使用，一定要经过严格消毒处理。

4. 杜绝病原

不与有病蜂场同场饲养，不接触病场蜂群和人员，不买带毒饲料等。

### （六）药物治疗

目前没有对中蜂囊状幼虫病治疗特别有效的药物，比较成功的经验是断绝病原的来源（不断病死的幼虫），让工蜂有较长的清理时间将群内的所有病死幼虫清理干净。常用的方法有断子治疗法及换王治疗法。所谓断子治疗，就是在进行药物治疗的同时，将蜂王用铁纱罩罩在脾上，迫使其停止产卵，使蜂群在一个育虫周期内（20 天左右）断子，以减少病原重复感染机会；而所谓换王治疗是指蜂群发病后，选用抗病力较强的蜂群培育的处女王或王台来更换、淘汰病群蜂王，使病群在新王出台、交尾期间实现群内无子，以此掐断病毒重复感染的路径。治疗的药物可选用以下数种。

（1）山乌龟 20 g、甘草 6 g、虎杖 6 g、多种维生素 5 ～ 10 片。先将草药用冷开水浸泡 30 分钟，而后用大火煮沸，再用文火煎熬 5 分钟，滤出药液；再重复熬 1 次，将两次熬出的药液合在一起；按 1∶1 的比例加入白糖制成糖浆，并加入经研碎的多种维生素药片粉末，充分混匀。每 1 剂可喂 10 ～ 15 箱蜂，隔日 1 次，连喂 4 ～ 5 次为一疗程。

（2）五加皮 50 g、桂枝 50 g、金银花 50 g、甘草 6 g，用法同上，可喂

10 ～ 15 框蜂。

（3）华千斤藤（海南金不换）干块根 15 ～ 20 g，或半枝莲的干草 50 g，煎汤配制糖浆，可喂 20 ～ 30 框蜂。

（4）狭叶韩信草鲜草 250 g，煎水去渣后配成糖浆喂 10 框蜂。

（5）病毒灵（盐酸玛琳胍）按每框蜂 1 片的剂量，研成细粉末后，调入糖∶水比例为 1 ∶ 1 的糖浆中饲喂。

## 四、蜜蜂白垩病

蜜蜂白垩病也称作“石灰质病”，是一种危害蜜蜂幼虫及蛹的真菌性病害。在发病季节里，蜂群的发病率有时可高达 80% ～ 100%，很多蜂场遭受到全场毁灭性损失。该病广泛存在于世界各地蜜蜂养殖地区，给养蜂生产造成极大的损失。

### （一）病原

引起蜜蜂白垩病的真菌属于子囊菌纲的蜂球囊菌，该真菌的菌丝为雌雄异株，雌性呈白色而雄性呈黄褐色，两者结合进行有性生殖，形成膨大的子囊球，其内充满着大量的子囊孢子。孢子具有很强的生命力，在干燥状态下可存活 15 年之久。

### （二）发病机制及其症状

子囊孢子被蜜蜂幼虫吞食进入中肠后，经数小时至数十小时开始萌发，再经过 3 ～ 4 天的菌丝增殖生长后，菌丝穿透消化道而在寄主体腔内不断增殖生长，至感染的第 5 天左右，寄主体内已密布菌丝体，并最终穿出寄主体壁，雌雄菌丝便在体外交配而产生孢囊。因此，被感染的幼虫在前 3 天无明显症状表现，少数幼虫体表长出白色菌丝，感染后的第 5 天多数幼虫会死亡。

发病初期，病虫体色与健康幼虫相似，体表尚未形成菌丝；中期幼虫柔软膨胀，腹面长满白色菌丝；后期整个幼虫体布满白色菌丝，虫体萎缩并逐渐变硬，似粉笔（白垩）状。如果是大幼虫阶段感病，巢房盖被工蜂咬破，挑开后可见死亡幼虫。死虫尸体有白色、黑色两种，可在巢门前的地面上和蜂箱底部看到工蜂由巢房内拖出并丢弃的这两种不同颜色的虫尸。

若发现死亡幼虫呈白色或黑色，表面覆盖白色菌丝或黑色孢子粉时，即可确诊为白垩病。如果有显微镜，可挑取幼虫尸体表层物涂于载玻片上，滴一滴蒸馏水，在低倍显微镜下观察，若发现大量白色菌丝和孢囊及孢囊孢子时，可进一步诊断。

（三）传播途径

白垩病是通过子囊孢子传播的，因此被污染的饲料、死亡幼虫尸体或病脾是病害传播的主要来源；蜂群间的传播是通过盗蜂和迷巢蜂将被污染的饲料喂给健康幼虫完成的。此外，也可因为养蜂员不遵守卫生操作规程，随意将病群中的巢脾调入健康群而传染。

（四）环境与发病的关系

工蜂及雄蜂幼虫均可感染白垩病，而雄蜂幼虫尤为严重。白垩病的发生与温湿度关系密切。相对湿度在 80% 以上的环境，适于子囊孢子生长，所以春秋或者多雨潮湿季节该病易发生。因为此时蜂群正处在繁殖时节，当子圈扩大而保温不力时，如果幼虫封盖后子圈内温度略有下降，哪怕只有几小时的短暂时间，也容易促成该病的发生，弱群因保温能力不足而更易发病。此外，当蜂群中储蜜含水量较高时，病害容易发生；而当蜂蜜已酿造成熟而含水量低于 21% 时，病害将会减轻。这是因为含水量较高的新蜜可使巢内湿度增加，而蜂蜜酿造成熟后巢内湿度降低的缘故。

（五）预防措施

1. 选育抗病品种

注意选育对疾病抗性较强的种用蜂王，淘汰老王、劣王及敏感系蜂王。

2. 保持蜂场良好小气候

蜂场地势低洼、潮湿、阳光不足、通气不良是诱发白垩病的重要原因。所以蜂场应设在坐北朝南、地势高燥、阳光充足、通风良好之处。蜂箱要用砖石垫高，盖上防雨物。场地四周挖好排水沟，经常用生石灰粉消毒蜂场场地，及时打扫清理蜂场卫生等。

3. 饲养强群

强群保温能力、清巢能力强，可提高对病害的抵抗能力。弱群应及时合并。

4. 蜂具及蜂场消毒

每年的春、秋季是白垩病高发期，应提前对蜂箱、巢脾、饲喂器、隔板等所有工具进行彻底消毒。蜂箱内的保温物要经常在太阳下暴晒，以除去湿气，杀灭病菌。

5. 设立饲水器

在蜂场里设立固定的饲水点，不使蜜蜂因采集不洁用水而带入病原生物。

6. 补助饲喂

当外界蜜粉源缺乏时，要及时补助饲喂糖浆和花粉，以增强蜜蜂的体质，提高抗病能力。

（六）药物治疗

1. “克垩灵”或“蜂抗”饲料添加剂

于早春蜂群春繁前及春繁时，按药物使用说明，采用喷脾或灌喂的方式给药，可预防和治疗白垩病的发生。

2. 灭白垩 1 号

1 包药（3 g）喂 40 脾蜂。先用少量温水溶解，再加糖水 1 L，糖水比例为 1∶1，充分搅匀后喷脾。每 3 天一次，连续用药 4 ～ 5 次为一个疗程。

3. 优白净

将药液稀释 100 倍，抖落巢脾上的蜜蜂后喷脾，每脾约用药 10 mL。每天一次，连续 4 次为一个疗程。疗程间隔期为 4 ～ 5 天，至不见病虫时停药。

4. 0.1% 麝香草酚糖浆

先将 5 g 麝香草酚用白酒溶解，再加入糖浆 5 kg，糖水比例为 1∶1，可喂 100 脾蜂。

5. 石灰水

1.25 kg 生石灰兑水 2.5 kg，化开后搅匀，静置 8 ～ 24 小时后，取澄清液，加入白糖 2.5 kg，搅拌均匀后喂蜂，可喂 100 脾蜂。

6. 大黄苏打片

按每片药喂 10 框蜂的计量，将大黄苏打片研碎混入糖:水为 1∶1 比例的糖浆中喂蜂。

# 参考文献


[1] 黄敏，王荣霞，王永波，等．珊瑚的室内循环海水生态养殖模式的构建 [J]. 热带生物学报，2019（1）：22-27.

[2] 刘峰，董俊，李娴，等．东平湖草鱼——中华绒螯蟹复合生态养殖模式的初步研究 [J]. 海洋湖沼通报，2020（2）：131-136.

[3] 杜兴伟，何奇，徐怿，等．中华绒螯蟹生态养殖模式下智能增氧系统的构建及养殖效果试验 [J]. 水产养殖，2020（6）：51-55.

[4] 张晓蕾，王强，张国奇，等．池塘循环流水养殖模式中浮植物群落结构的空间变化研究 [J]. 南方水产科学，2021（3）：36-36.

[5] 史同瑞，王刚，杨旭东，等．农村生态养殖的建设模式与对策 [J]. 畜牧兽医杂志，2020（1）：48-51.

[6] 石顺芳，郑梦婷，谭进，等．红螯螯虾的特征特性及池塘生态养殖技术 [J]. 现代农业科技，2020（1）：210-211，214.

[7] 方建光，李钟杰，蒋增杰，等．水产生态养殖与新养殖模式发展战略研究 [J]. 中国工程科学，2016（3）：22-28.

[8] 陈岩锋，谢喜平．我国畜禽生态养殖现状与发展对策 [J]. 家畜生态学报，2008（5）：110-112.

[9] 申玉春，叶富良，梁国潘，等．虾—鱼—贝—藻多池循环水生态养殖模式的研究 [J]. 广东海洋大学学报，2004（4）：10-16.

[10] 虞为，李卓佳，朱长波，等．我国对虾生态养殖的发展现状、存在问题与对策 [J]. 广东农业科学，2011（17）：168-171.

[11] 彭刚，刘伟杰，童军，等．池塘循环水生态养殖效果分析 [J]. 水产科学，2010（11）：643-647.

[12] 戴恒鑫，李应森，马旭洲，等．河蟹生态养殖池塘溶解氧分布变化的研究 [J]. 上海海洋大学学报，2013（1）：66-73.

[13] 田功太，巩俊霞，张金路．中华鳖不同生态养殖模式对池塘水环境及养殖效果的影响 [J]. 水生态学杂志，2012（3）：96-100.

[14] 关晓玲 . 水产生态养殖技术的研究与应用 [J]. 农业与技术，2018（4）：156-156.

[15] 陈桂花 . 水产生态养殖现况与未来发展前景 [J]. 农民致富之友，2018（4）：248-248.

[16] 吴信，万丹，印遇龙 . 畜禽养殖废弃物资源化利用与现代生态养殖模式 [J]. 农学学报，2018（1）：171-174.

[17] 向洋，丁德明 . 新型现代水产生态养殖模式 [J]. 湖南农业，2018，000（9）：18-19.

[18] 邵正伟 . 水产生态养殖与新养殖模式发展对策探讨 [J]. 农家科技（中旬刊），2018（10）：76-76.

[19] 陆军，董娟，冯子慧 . 河蟹生态养殖病害预警系统设计和实现 [J]. 农业网络信息，2017（5）：63-66.

[20] 吴凯，马旭洲，王友成，等 . 河蟹生态养殖池塘不同水层水质变化的研究 [J]. 上海农业学报，2018（1）：46-51.

[21] 胡荣芳 . 河蟹生态养殖的水质调控技术分析 [J]. 农家科技（中旬刊），2018（11）：91-91.

[22] 顾雪明，朱福根，张友良 . 河蟹生态养殖“松江模式”的发展与启示 [J]. 科学养鱼，2017（9）：1-3.

[23] 邢文翔 . 河蟹生态养殖中水草的管理 [J]. 现代农业科技，2018，000（16）：210-210.

[24] 王承坤 . 河蟹生态养殖及疾病防控技术 [J]. 农民致富之友，2018，591（22）：243-243.

[25] 赵敏芳，顾忠明，黄立民，等 . 大规格淡水小龙虾池塘生态养殖技术 [J]. 上海农业科技，2012（5）：66-66.

[26] 王清华，芮红兵，赵小平 . 小龙虾池塘生态养殖技术 [J]. 水产养殖，2019（8）：22-23.

[27] 刘广根 . 淡水小龙虾池塘生态养殖技术 [J]. 渔业致富指南，2016（16）：37-39.

[28] 江山 . 淡水小龙虾无公害健康生态养殖技术 [J]. 科学养鱼，2016（2）：26-28.

[29] 金阜林 . 浅水池塘小龙虾生态养殖技术 [J]. 乡村科技，2020（3）：96-97.

[30] 马洪青 . 河蟹、小龙虾与沙塘鳢池塘生态高效混养新模式技术试验 [J]. 科学养鱼，2017（11）：29-30.